高职高专计算机教学改革新体系规划教材

SQL Server 2008
数据库应用入门
项 目 教 学 版

李武韬 严莉 鲁少勤 编著

清华大学出版社
北京

内 容 简 介

本书介绍了使用 SQL Server 2008 进行数据库管理与应用的各种操作以及进行数据库开发所需的基本知识和技能。本书充分体现了职业教育的特色，从职业岗位能力出发，将数据库应用过程中的工作任务归纳成典型项目，建立以完成工作任务过程为主线的教学内容体系。

本书突出实践技能的培养，每个项目之后都有拓展训练，所有的项目前后衔接，综合性地贯穿于全书，拓展训练内容也是仿照项目前后衔接，贯穿在一起，以加强学生对基础知识的理解和实践技能的掌握。

本书适合作为应用型本科和高职高专计算机专业的教材，也可以作为计算机从业人员的学习用书。

图书在版编目（CIP）数据

SQL Server 2008 数据库应用入门：（项目教学版）/李武韬，严莉，鲁少勤编著.—北京：清华大学出版社，2016（2021.8重印）

（高职高专计算机教学改革新体系规划教材）

ISBN 978-7-302-44522-7

Ⅰ. ①S…　Ⅱ. ①李…　②严…　③鲁…　Ⅲ. ①关系数据库系统－高等职业教育－教材　Ⅳ. ①TP311.138

中国版本图书馆 CIP 数据核字（2016）第 171801 号

责任编辑：张龙卿
封面设计：常雪影
责任校对：李　梅
责任印制：丛怀宇

出版发行：清华大学出版社
　　网　　　址：http://www.tup.com.cn, http://www.wqbook.com
　　地　　　址：北京清华大学学研大厦 A 座　　　　　邮　　编：100084
　　社　总　机：010-62770175　　　　　　　　　　　邮　　购：010-62786544
　　投稿与读者服务：010-62776969，c-service@tup.tsinghua.edu.cn
　　质量反馈：010-62772015，zhiliang@tup.tsinghua.edu.cn
　　课件下载：http://www.tup.com.cn，010-62770175-4278
印　装　者：三河市吉祥印务有限公司
经　　　销：全国新华书店
开　　　本：185mm×260mm　　印　张：8.75　　　　字　　数：207 千字
版　　　次：2016 年 8 月第 1 版　　　　　　　　　　印　　次：2021 年 8 月第 7 次印刷
定　　　价：35.00 元

产品编号：070460-02

前　言

　　数据库技术课程是一门理论基础和实践性要求都比较强的课程,而高职高专管理类专业的具体特点决定了其教学过程不仅需要基础原理、更需要强化实践的应用。在掌握基本原理的同时如何培养管理类专业学生的学习积极性和专业应用能力是一个重要的实际问题。

　　基础原理课程是必需的基础环节,不能省略,反之,学了 SQL Server 却不会用 Oracle,学了 Oracle,却不会用 MySQL。基础原理要做到必需、够用。

　　强化实践应用对数据库技术而言就是要学习好 SQL 语言,用 SQL 语言编写出来的语句要以前面的原理为基础,否则,就会不明就里。但是本书作为入门读物,不列出和解释 SQL 语句的语法格式,只在项目和例子中使用(加了详细注释),需要的读者请查阅 SQL 开发手册之类的资料。对于初学者来说,能用、会用就达到了要求。

　　数据库技术课程的教学应该充分考虑与专业和学生特点相结合。一方面要做好理论教学的内容规划和设计,采取适当的教学方法使学生掌握数据库的基本理论,理解数据库技术在管理中的应用;另一方面要强化实践教学,激发学生的学习兴趣,并培养其动手能力。

　　本书采用“项目导向,任务驱动”的教学模式,通过一个学生身边的真实项目——学生成绩管理系统的完整实施过程,将 SQL Server 数据库开发的相关内容有条不紊地组织起来。这样的教学过程真正做到了面向工作过程。同时,根据项目内容的不同,划分了多个由易到难、循序渐进的任务,符合认知规律,有利于教学实践。每个任务和知识点的划分细小而具体,可以花 1～2 个课时完成,有利于课堂教学。

　　本书概念透彻,理论全面,实践贴近学生生活实际,操作简练,代码简洁,注释详细,拓展训练紧跟项目任务,内容充实。本书语言简练、通俗易懂,不讲入门者听不懂的话,能用图表的地方绝不使用语言叙述。

　　本书由李武韬、严莉、鲁少勤主编。本书在取材上突出培养和强化学生的实践能力与应用能力,加强了实训内容的编写,在理论上简单明了。本书特别突出了各项技术的应用性,希望能贴近学生的学习特点,从而激发学习兴趣。

　　由于编者水平所限,虽经反复校对,疏漏和不足之处在所难免,恳请读者批评指正。

编　者

2016 年 4 月

目　录

项目 1 数据库基础和安装 SQL Server 2008

使用 SQL Server 2008 数据库开发学生成绩管理系统,先要明确项目的内容以及数据库系统开发的过程,并有一定的知识准备,还要为后面的项目安装 SQL Server 2008。

学生成绩管理系统可以存储和管理学生信息、课程信息和成绩信息,并保证信息的准确性;同时,系统能够对以上信息进行查询、检索;系统还要能够对这些数据进行安全管理和日常维护。

数据库系统开发是软件系统开发的一部分,如图 1-1 所示。数据库设计不是本书的重点,只进行简单介绍,但数据库设计完成得到数据库和表则是必需的,各阶段的具体内容在下面用箭头标出。在掌握必要的数据库基础知识,并且安装 SQL Server 2008 之后,将按照数据库系统开发过程开发学生成绩管理系统。

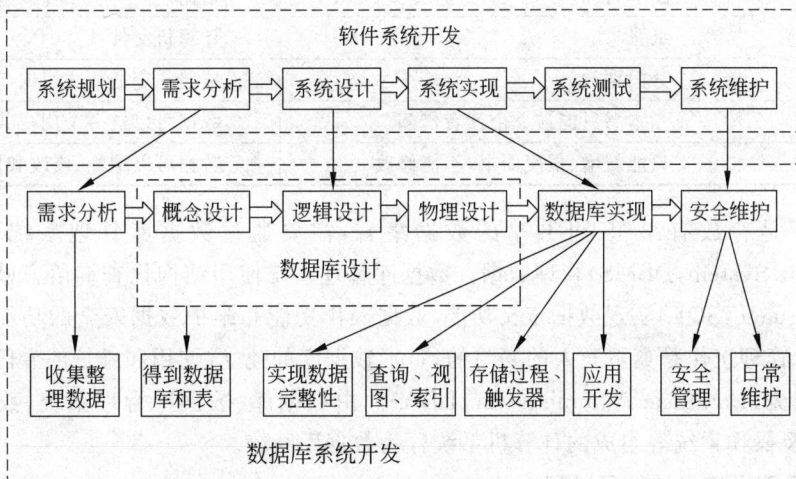

图 1-1 软件系统开发过程和数据库系统开发过程

项目目标
- 理解并掌握数据库的基本概念,重点是 E-R 图;
- 了解 SQL Server 2008 的安装过程;
- 学会使用 SQL Server 2008 组件中常用的管理工具。

1.1 知识准备

知识 1-1 什么是数据库

数据库技术是信息时代技术基础之一。数据库技术已经广泛应用到日常生活中,比如网上购物、12306 网站购买火车票、超市购买商品时采用 POS 机结账,电信公司对电话费的管理等。这些例子中也应用了数据库技术以外的其他计算机技术,比如网络技术等。

1. 数据库的概念

什么是数据库(DataBase,DB),简单来说就是放数据的仓库。数据库中的数据可以有数字、字母、文字等符号,还可以有图片、声音、视频等信息。仓库中的物品存放是有条理的,数据库中的数据也是有组织的,同时也是可以共享的。为了更好地理解什么是数据库,可以把数据库比作图书馆,并在表 1-1 中进行对比。这里所说的图书馆是指存放纸质媒介,不包括电子图书的图书馆。

表 1-1 图书馆与数据库的对比

对比项	图 书 馆	数 据 库
存放内容	图书、报刊	数据
存储介质	纸张	计算机文件
有序性	分门别类	按照一定的方式组织起来
共享性	一本书只能被一个读者借阅	数据可以被多个用户共享
管理	只能新增、报废图书,不能修改	数据可以增加、修改和删除

数据库是存放有组织、可共享的数据集合,需要通过数据库管理系统(DataBase Management System,DBMS)管理数据。数据库管理系统使用结构化查询语言(Structured Query Language,SQL)实现数据定义功能、数据操作功能和维护数据安全的功能。具体完成数据库的管理工作是离不开人的参与的,负责数据库的建立、使用和维护的专门人员就是数据库管理员(DataBase Administrator,DBA)。由数据库、数据库管理系统、数据库管理员、用户以及操作系统等组成的计算机系统称为数据库系统。

2. 数据管理技术的发展过程

数据库是一种计算机数据管理技术,为了更好地理解数据库的概念,需要从数据管理技术的发展过程讲起。在计算机引入数据处理领域后,数据管理技术的发展经历了三个阶段:人工管理阶段、文件管理阶段和数据库管理阶段,见表 1-2 及如图 1-2~图 1-4 所示。

表 1-2 数据管理技术的发展阶段

发展阶段	所处时期	特 点
人工管理	20 世纪 50 年代中期以前	数据不保存; 数据由应用程序进行管理,数据与程序不具备独立性; 数据面向应用,不能共享

发展阶段	所处时期	特　　点
文件管理	20 世纪 50 年代后期至 60 年代中期	数据保存在文件中,可以查询、插入、删除和修改; 数据文件由文件系统进行管理,程序与数据的独立性仍较差; 易造成数据的不一致性; 数据冗余度大(数据大量重复的现象,称为冗余)
数据库管理	20 世纪 60 年代末至今	数据由数据库管理系统进行管理,数据与程序的独立性很高; 数据面向系统,冗余度低,可以共享

图 1-2　数据的人工管理

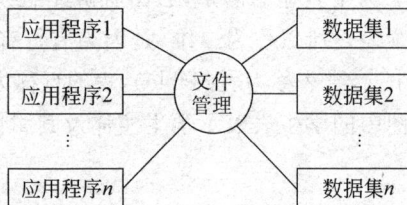

图 1-3　数据的文件管理

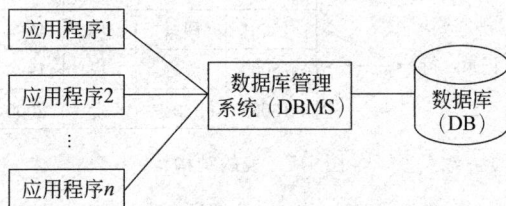

图 1-4　数据的数据库管理

知识 1-2　什么是关系数据库

1. 关系数据库的几个概念

(1) 实体(Entity)。数据是对客观世界的抽象描述,为了描述的方便,把客观存在的互不相同的事物称为实体,比如学生、教师、课程等。

(2) 实体集(Entity Set)。同类型的实体集合称为实体集,比如某个学校的所有学生、所有教师等。

(3) 属性(Attribute)。实体具有的某一个特性称为属性,比如学生实体的学号、姓名、性别等。

(4) 码(Key)。实体既然是互不相同的,这种区别就要通过其属性的不同来体现,即使在实体集里也是如此。能够唯一标识实体的最小的属性组称为实体的码,或者称为键。例如,在学生实体集中,一个学号可以唯一对应一个学生,学号就学生实体的码或者键。实体的互不相同,理解为哲学上的"世界上没有两片完全相同的树叶"。

(5) 联系(Relationship)。哲学上说世界是普遍联系的,实体和实体之间也是有联系的,比如学生实体和课程实体是通过"选修"联系起来的,教师实体和课程实体之间是通过"授课"联系起来的。

实体之间的联系有一对一联系($1:1$),一对多联系($1:n$)和多对多联系($m:n$)。例如，班级和班长（正班长）之间就是一对一联系，一个班级里只有一个班长，一个班长对应一个班级。班级和学生之间就是一对多联系，一个班级里有多个学生。学生和课程之间是多对多联系，学生选修多门课程，课程有多个学生学习。

2. 数据模型

数据库是有组织的数据集合，如何组织，就要看数据库采用什么样的数据模型来描述实体及其联系。主要的数据模型有：层次模型、网状模型和关系模型。目前，采用关系模型的数据库系统应用最为广泛，比如本书所使用的 Microsoft SQL Server，还有 Oracle、Sybase、DB2 等。为了叙述的简单，后面所讲述的数据库就是指关系数据库。

二维表之所以称为二维，是因为有行有列，其中的行描述实体，列描述实体的属性。在数据库中，二维表称为表（Table），表的行称为记录（Record），表的列称为字段（Field），如图 1-5 所示。图中的学生表表示学生实体及其属性。

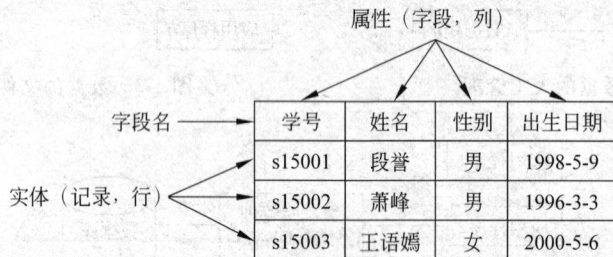

属性（字段，列）

学号	姓名	性别	出生日期
s15001	段誉	男	1998-5-9
s15002	萧峰	男	1996-3-3
s15003	王语嫣	女	2000-5-6

字段名 →

实体（记录，行）→

图 1-5　表的结构

实体之间的联系也是用表来表示的。实体的一对一联系直接在一张表里表示出来，例如，班级表里有班级编号，班级名称和班长学号。实体的一对多联系用两张表表示，例如，学生表和班级表。实体的多对多联系需要增加一张表来表示联系本身。例如，学生和课程之间的选修联系。选修表中除了学号和课程编号，还有选修这个联系的属性——成绩，所以，选修表就是成绩表，如图 1-6 所示。实际上，成绩表将多对多联系转化为两个一对多联系（1 个学生对应多门课的成绩，1 门课程对应多个学生的成绩）。

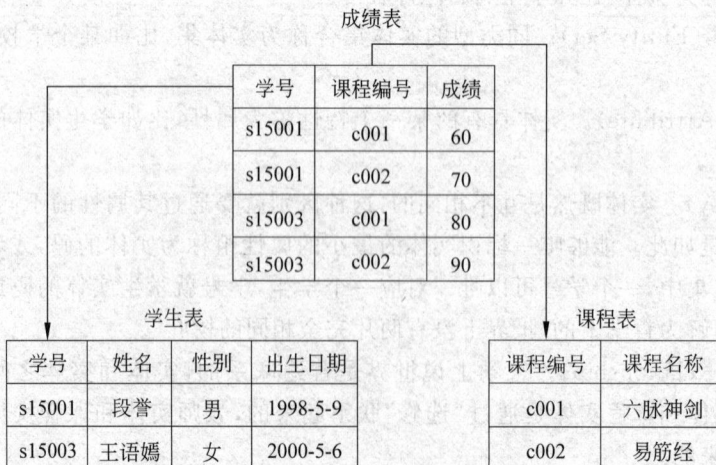

成绩表

学号	课程编号	成绩
s15001	c001	60
s15001	c002	70
s15003	c001	80
s15003	c002	90

学生表

学号	姓名	性别	出生日期
s15001	段誉	男	1998-5-9
s15003	王语嫣	女	2000-5-6

课程表

课程编号	课程名称
c001	六脉神剑
c002	易筋经

图 1-6　用表表示实体之间的联系

知识 1-3   数据库的设计

在图 1-1 数据库系统开发过程中有数据库的设计步骤。需求分析是软件系统开发的重要阶段,本节强调针对数据库设计的需求分析内容,所以将需求分析放在数据库设计的准备阶段进行介绍。

1. 需求分析

需求分析是分析系统的需求,主要任务是调查、收集与分析用户在数据管理中的信息需求、处理需求和安全性与完整性的需求,并把这些需求写成需求说明书。

需求分析大致可分成三步来完成。

(1)需求信息的收集。需求信息的收集一般以机构设置和业务活动为主干线,从高层到低层逐步展开。

(2)需求信息的分析整理。分析整理的结果一般使用数据流图和数据字典来表示。数据流图(Data Flow Diagram,DFD)是业务流程及业务中数据联系的形式描述。数据字典(Data Dictionary,DD)详细描述系统中的全部数据,包括的各项内容见表 1-3。

表 1-3   数据字典的各项内容

名　　称	说　　明
数据项	不可再分的数据单位
数据结构	由若干数据项组成,反映数据之间的组合关系
数据流	数据结构在系统内传输的路径
数据存储	处理过程中要存取的数据,也是数据流的来源和去向之一
处理过程	数据流图中功能块的说明

数据流图既是需求分析的工具,也是需求分析的成果之一。数据字典是进行数据收集和数据分析的主要成果。

(3)需求信息的评审。开发过程中的每一个阶段都要经过评审,确认任务是否全部完成,避免或纠正工作中出现的错误和疏漏。评审可能导致开发过程回溯,甚至会反复多次。但是,一定要使全部的预期目标都达到才能让需求分析阶段的工作暂时告一段落。

需求分析阶段的工作成果是写出一份既切合实际又具有预见的需求说明书,并且附以一套详尽的数据流图和数据字典。

本书的"学生成绩管理系统",对学校教务处的成绩管理流程进行梳理,收集到的需求是:学生管理、课程管理和成绩管理。学生管理中能够查询、修改、添加学生的基本信息;课程管理中能对所开设的课程进行修改、添加新开课程、删除淘汰课程;成绩管理中要记录学生每门课的成绩并提供查询、修改和简单的统计功能。

2. 概念设计

概念设计是将得到的用户需求(要描述的现实世界)抽象为概念数据模型,其过程首先根据单个应用的需求,画出能反映每一个需求的局部实体-联系模型(Entity-Relationship,E-R 图)。然后把这些 E-R 图合并起来,消除冗余和可能存在的矛盾,得出系统全局的 E-R 模型。需要特别强调的是,画 E-R 图的基础就是需求说明书中的数据流图和数据字典。

E-R 图中矩形表示实体;椭圆形表示属性;菱形表示联系;然后用短线连接在一起。如

图 1-7 所示是学生实体、课程实体、选修联系的 E-R 图；如图 1-8 所示是全局 E-R 图，图中标注了学生和课程之间是多对多联系（$m:n$）。其中加下划线的属性是实体或者联系的码，如学生实体的学号，课程实体的课程编号。选修联系中的学号或者课程编号不能单独作为码，也就是说成绩表中的学号或者课程编号是有重复的，但是两者合在一起不会重复，所以它的码是这两个属性的组合。

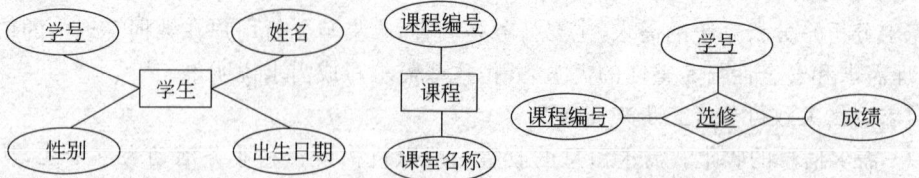

图 1-7 学生实体、课程实体、选修联系的 E-R 图

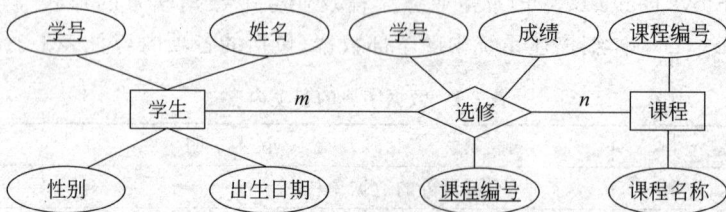

图 1-8 全局 E-R 图

3. 逻辑设计

概念设计是从设计者的角度和方法来分析问题，是让设计者能够清楚认识系统结构的理解过程。要实现系统，需要把概念模型转换为具体计算机上 DBMS 所支持的结构数据模型。

逻辑设计，具体而言就是把 E-R 图转化为关系模式，即将实体及其联系转化为关系模式，然后对关系进行优化。如图 1-9 所示是 E-R 图转化为关系模式后在 DBMS 上实现的示意图。图中左边表示 E-R 图，按箭头方向转化为关系模式，就是中间的二维表，然后在数据库管理系统（DBMS）的帮助下，进入数据库，从而实现逻辑设计。

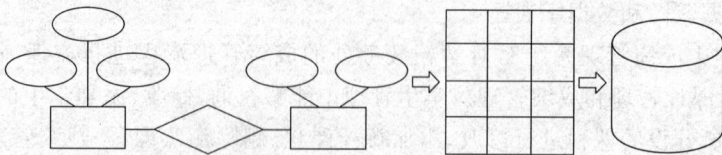

图 1-9 E-R 图转化为关系模式后在 DBMS 上实现

E-R 图转化为关系要遵循一定的规则，转化产生的关系可能是不合理的，比如，存在数据冗余和插入、删除、更新异常。解决的方法是关系的规范化。E-R 图转化为关系的规则和转化后关系的规范化是数据库原理的内容，需要的读者请查阅相关资料。

例如，图 1-8 的 E-R 图转化为如下的关系模式，带下划线的属性是关系的码。

学生 (学号,姓名,性别,出生日期)

课程 (课程编号,课程名称)

成绩 (学号,课程编号,成绩)

4. 物理设计

物理设计主要确定数据库的存储结构,包括确定数据库文件和索引文件的记录格式和物理结构,以及选择存取方法等,基本上由数据库管理系统完成。

物理设计阶段的主要内容是创建和管理数据库和表,学生成绩管理系统数据库的物理设计将在后面的项目中逐步进行。

知识 1-4　客户机/服务器和浏览器/服务器

1. 客户机/服务器体系结构

客户机/服务器(Client/Server,C/S)软件系统体系结构中客户机完成业务处理;服务器完成 DBMS(数据库管理系统)的核心功能,如图 1-10 所示。

C/S 结构的优点是能充分发挥客户机 PC 的处理能力,减轻服务器运行数据的负担;缺点是客户机需要安装专用的客户端软件,对客户端的操作系统一般也会有限制,系统软件升级时,维护和升级成本非常高。

在客户机和服务器中间增加一个应用服务器,分担客户机的业务处理,称为中间层,构成 3 层结构,如图 1-11 所示。

2. 浏览器/服务器体系结构

图 1-10　C/S 结构示意图

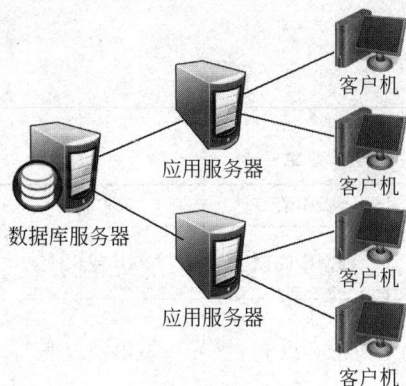

浏览器/服务器(Browser/Server,B/S)可以看作特殊的 C/S 结构,Browser 是指 Web 浏览器,实现极少数事务逻辑,主要事务逻辑在服务器实现。优点是客户端无须安装,方便维护和业务扩展;缺点是速度和安全性不理想。B/S 结构应用广泛,典型的例子有网上订票、购物等,如图 1-12 所示。

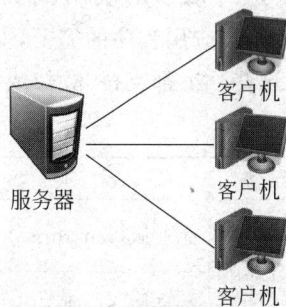

图 1-11　3 层 C/S 结构示意图

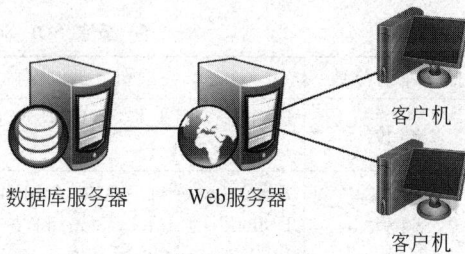

图 1-12　B/S 结构示意图

1.2 任 务 划 分

任务 1-1 安装前的准备

提出任务

了解 SQL Server 2008 的主要版本，才能做出合适的选择；同时也要明确安装的主要软硬件要求。

实施任务

Microsoft SQL Server 2008 是数据管理与数据库分析软件，是目前软件开发选择较多的一款产品，尤其是在应用 Microsoft Visual Studio 开发平台时更是如此，同时，它的企业管理器也方便用户操作数据库。

1. 了解 SQL Server 2008 的主要版本

根据应用程序的需要，安装要求会有所不同。表 1-4 介绍了 SQL Server 2008 的主要版本，这些版本都支持 32 位或者 64 位操作系统。

表 1-4　SQL Server 2008 的主要版本

分类	版　本	说　　明
服务器版	企业版（Enterprise）	是一种综合的数据平台，可以为运行安全的业务关键应用程序提供企业级可扩展的、高可用性的高级商业智能功能
	标准版（Standard）	提供易用性和可管理性的完整数据平台。适合中小企业选用，也包括企业版的全部功能
专业版	开发版（Developer）	包括服务器版的所有功能，但有许可限制，只能用作开发和测试系统，而不能用作生产服务器
	工作组版（Workgroup）	入门级的产品，通常适用于中小企业
	网络版（Web）	为 Web 服务通过可扩展性和可管理性的功能

2. 主要的软硬件要求

安装的主要软硬件要求根据版本的不同而不同。

（1）主要硬件要求

主要硬件要求见表 1-5。

表 1-5　安装 SQL Server 2008 的主要硬件要求

操作系统位数	处　理　器	内　存	硬　盘
32 位	Pentium Ⅲ 兼容处理器或以上，主频在 1.4GHz 或以上	512MB 或以上	4GB 或以上
64 位	AMD Opteron、AMD Athlon64、支持 Intel EM64T 的 Intel Xeon 和支持 EM64T 的 Intel Pentium 4，主频在 2.0GHz 或以上	1GB 或以上	4GB 或以上

（2）主要软件要求

安装 SQL Server 2008 之前需要安装以下软件组件（安装向导会提示用户安装这些组

件的）。

① Microsoft Windows . NET Framework 3.0 以上。

② Microsoft Windows Installer 3.1 以上。

主流操作系统与 SQL Server 2008 主要版本的兼容情况见表 1-6。表中的内容仅供参考,因为某个操作系统与某个版本原先不兼容,但是在安装了补丁之后又可以兼容,详细情况以微软官方网站上"安装 SQL Server 2008 的硬件和软件要求"为准。

表 1-6　主流操作系统与 SQL Server 2008 主要版本的兼容情况

操作系统	企业版	标准版	开发版	工作组版
Windows XP Professional	不兼容	兼容	不兼容	兼容
Windows 7	不兼容	兼容	不兼容	兼容
Windows Server 2003	兼容	兼容	兼容	兼容
Windows Server 2008	兼容	兼容	兼容	兼容

如果用户对自己的安装环境还不够放心,请参考微软官方网站上给出的具体要求。

任务 1-2　安装 SQL Server 2008

提出任务

了解主要版本,明确安装的主要软硬件要求,先安装前导组件 Microsoft Windows . NET Framework 和 Microsoft Windows Installer,再安装 SQL Server 2008。

实施任务

具体步骤如下所述。

(1) 从运行安装包中的 setup. exe 开始,如果没有安装前导组件,安装程序会提示安装 . NET Framework 3.5。安装 . NET Framework 3.5 并更新 Windows Installer 之后,将打开"SQL Server 安装中心"窗口,如图 1-13 所示。

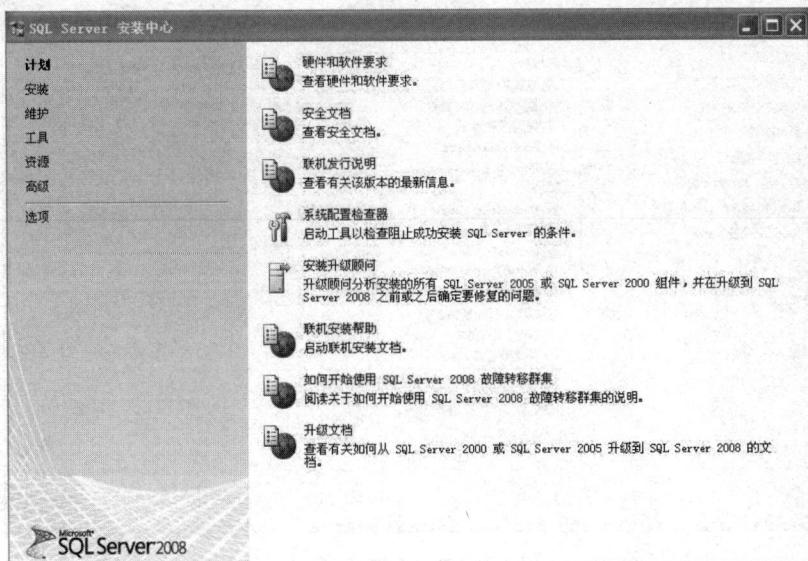

图 1-13　"SQL Server 安装中心"窗口

（2）选择图 1-13 窗口左侧的"安装"选项，进入 SQL Server 2008 的安装界面，选择安装类别，如图 1-14 所示。

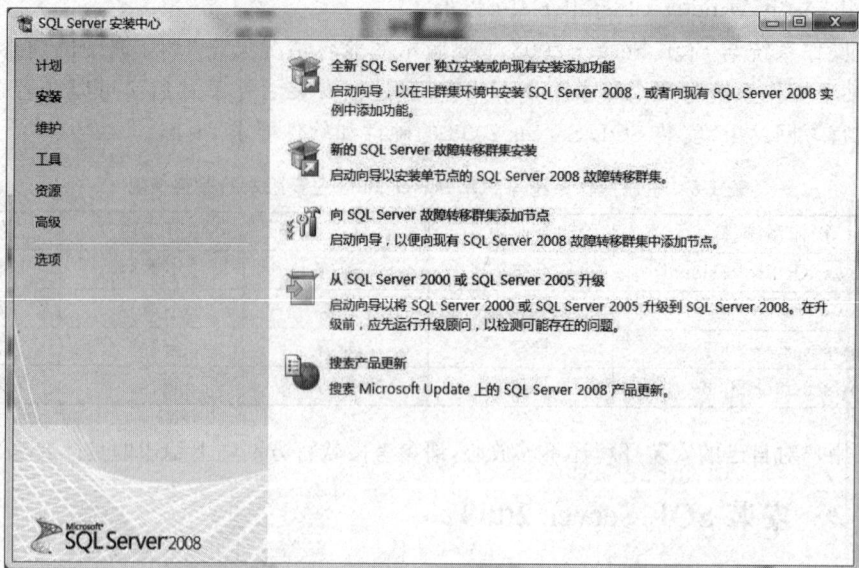

图 1-14　选择安装类别

（3）在图 1-14 中，单击"全新 SQL Server 独立安装或向现有安装添加功能"图标选项，接下来按向导安装程序支持规则，输入密钥，接受许可条款，安装程序支持文件，然后进入"功能选择"窗口，选择要安装的组件，如图 1-15 所示。

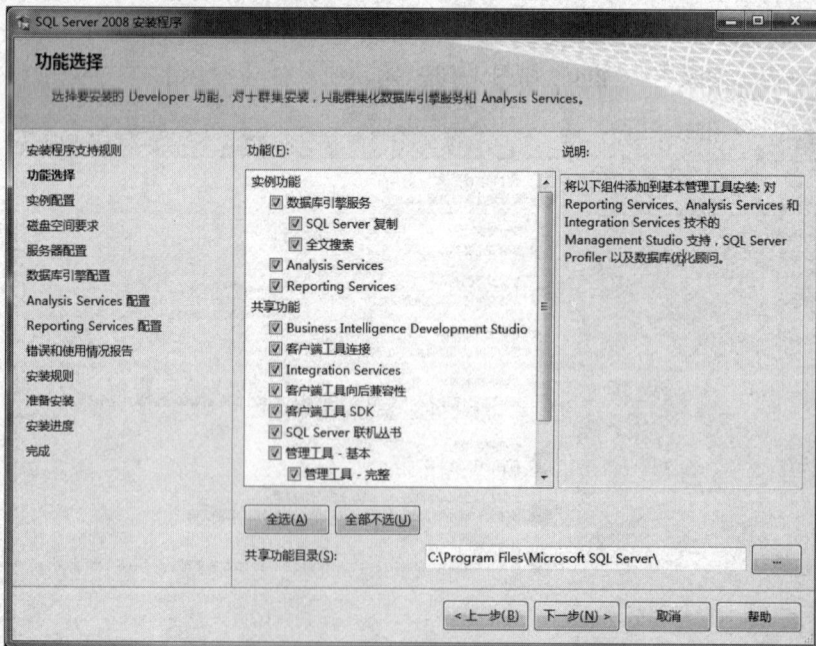

图 1-15　"功能选择"窗口

（4）在"实例配置"窗口中,如图 1-16 所示,选择默认实例。实例简单说就是实际的数据库例子,其实就是 SQL Server 数据库引擎。SQL Server 2008 支持单个服务器上的多个 SQL Server 实例,每个实例独立于其他实例运行。

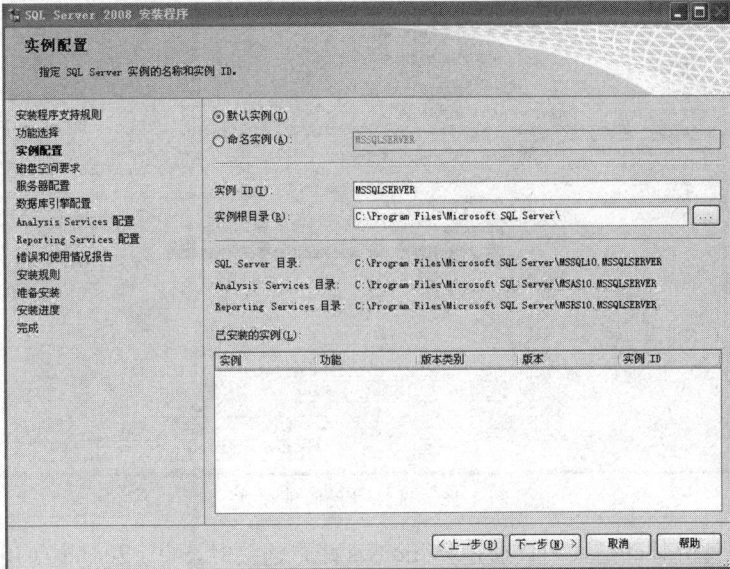

图 1-16 "实例配置"窗口

（5）检查磁盘空间,然后进入"服务器配置"窗口,如图 1-17 所示。需要为服务账户设置用户名和密码(密码也可以不设置),为了方便,单击"对所有 SQL Server 服务使用相同的账户"按钮。启动类型,常用的设为自动(如 Database Engine),不常用的设为手动,用不到的可以禁用。

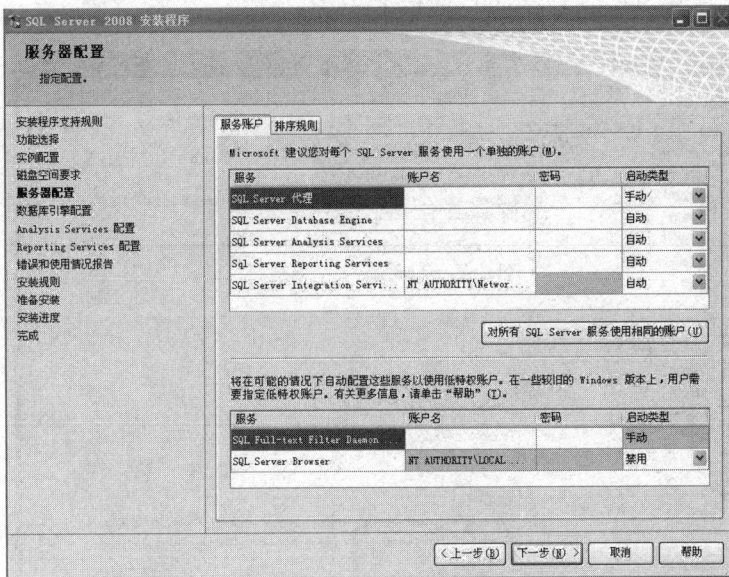

图 1-17 "服务器配置"窗口

（6）进入"数据库引擎配置"窗口，选择身份验证模式，如图1-18所示。

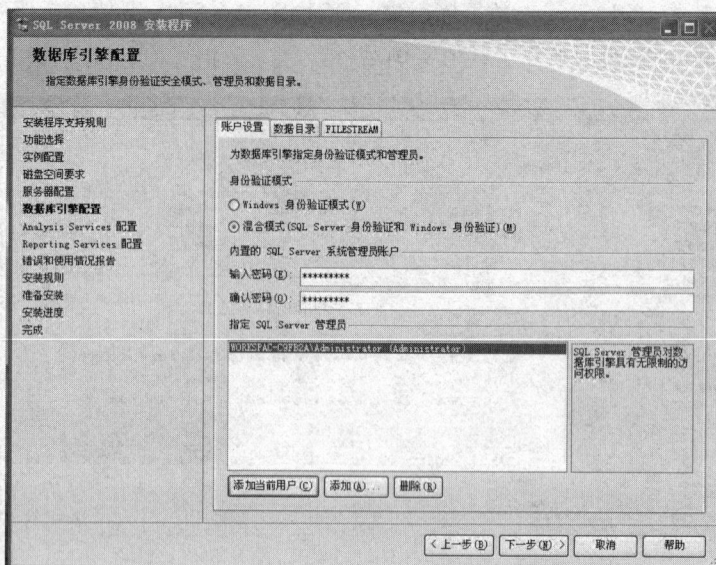

图1-18　选择身份验证模式

Windows身份验证是指用户通过Windows账户连接时，SQL Server使用Windows操作系统中的信息验证用户名和密码。混合模式既可以使用Windows身份验证，又可以在远程使用SQL Server身份验证。在此，选择混合模式。

在"数据目录"选项卡中可以修改各种数据库安装目录和备份目录，可以将系统数据库目录和用户数据库目录分开。

（7）按向导配置Analysis Services，配置Reporting Services，设置错误和使用情况报告，安装规则，然后正式安装，直至安装完成，如图1-19所示。安装成功完成后，可以在程序菜单看到Microsoft SQL Server 2008的程序组。

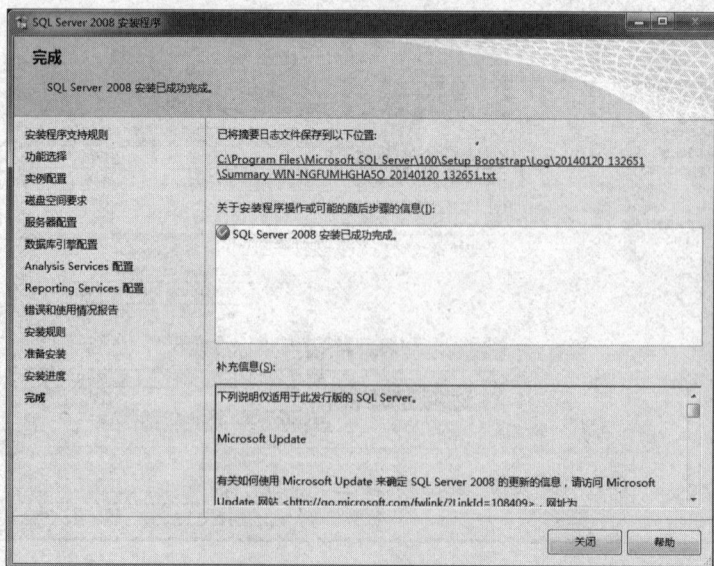

图1-19　安装完成

任务 1-3　认识 SQL Server Management Studio

提出任务

完成了 SQL Server 2008 的安装,接下来认识它的各种常用工具,为开发做准备。

实施任务

具体步骤如下所述。

1. 打开 SQL Server Management Studio

SQL Server Management Studio 是一个集成环境,用于访问、配置、控制、管理和开发 SQL Server 的所有组件。它将一组多样化的图形工具与多种功能齐全的脚本编辑器组合在一起,可为各种技术级别的开发人员和管理员提供对 SQL Server 的访问。

这是后面使用最多的工具。

在程序菜单的 Microsoft SQL Server 2008 的程序组中启动 SQL Server Management Studio,会弹出"连接到服务器"对话框,如图 1-20 所示。本书使用的 SQL Server 2008 R2 是 SQL Server 2008 的一个升级版本。

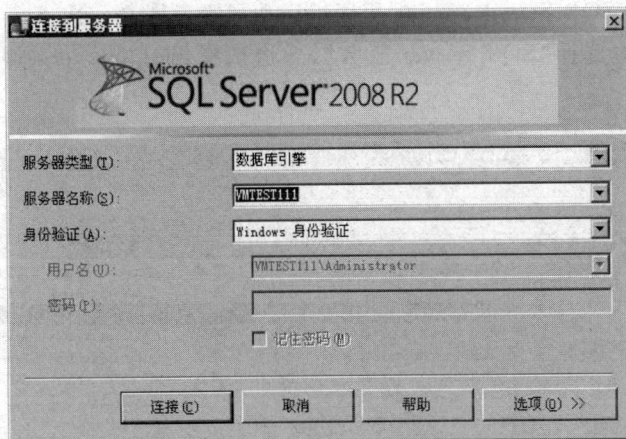

图 1-20　"连接到服务器"对话框

从图 1-20 中可以看到,服务器类型是数据库引擎,这个不能变。服务器名称和身份验证要根据具体情况选择正确的名称和方式。服务器名称就是 SQL Server 实例的名称,可以使用默认的计算机名称或者其 IP 地址,本地服务器名称可用"."代替。

如果服务没有启动,单击"连接"按钮会弹出错误消息提示框,如图 1-21 所示。用以下两种方法来启动数据库服务。

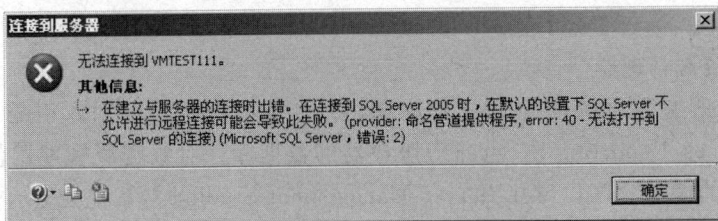

图 1-21　连接到服务器的错误消息提示框

（1）Windows 操作系统中，选择"控制面板"→"管理工具"→"服务"选项，如图 1-22 所示，找到 SQL Server（MSSQLSERVER），启动。启动的方法：可以在窗口工具栏中找到启动按钮，或者在右键菜单中选择"启动"命令，或者双击后在其属性窗口中启动。

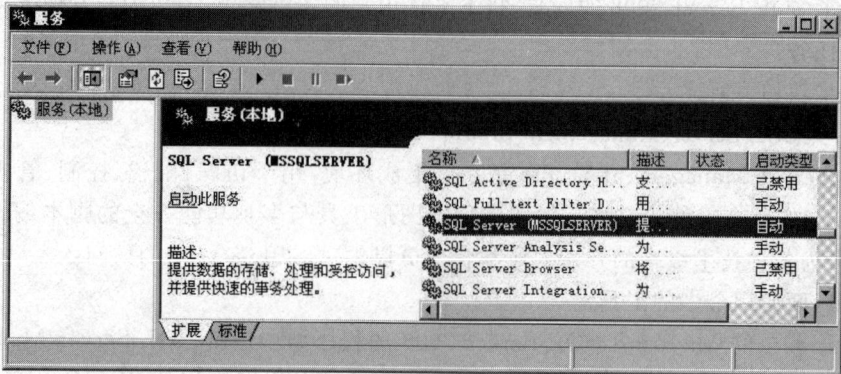

图 1-22　"服务"窗口

（2）Microsoft SQL Server 2008 的程序组启动配置工具中 SQL Server 配置管理器，如图 1-23 所示。左边选择"SQL Server 服务"，右边选择 SQL Server（MSSQLSERVER），启动。

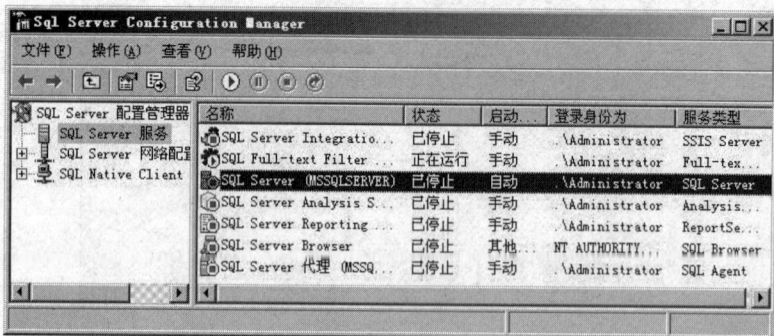

图 1-23　Sql Server Configuration Manager 窗口

与（1）类似，启动的方法：可以在窗口工具栏中找到启动按钮，或者在右键菜单中选择"启动"命令，或者双击后在其属性窗口中启动。与（1）不同的是，启动后的图标与停止时不同，而暂停状态时又是另一种图标。

服务启动之后，单击图 1-20 中的"连接"按钮进入 Microsoft SQL Server Management Studio 主界面，如图 1-24 所示。

2. 认识 SQL Server Management Studio

（1）对象资源管理器

服务器中所有数据库对象的树形视图，除了刚才启动的数据库引擎，还可以包括 Analysis Services、Reporting Services 等服务器的数据库。对象资源管理器包括与其连接的所有服务器的信息。打开 SQL Server Management Studio 时，系统会提示资源管理器连接到上次使用的设置。

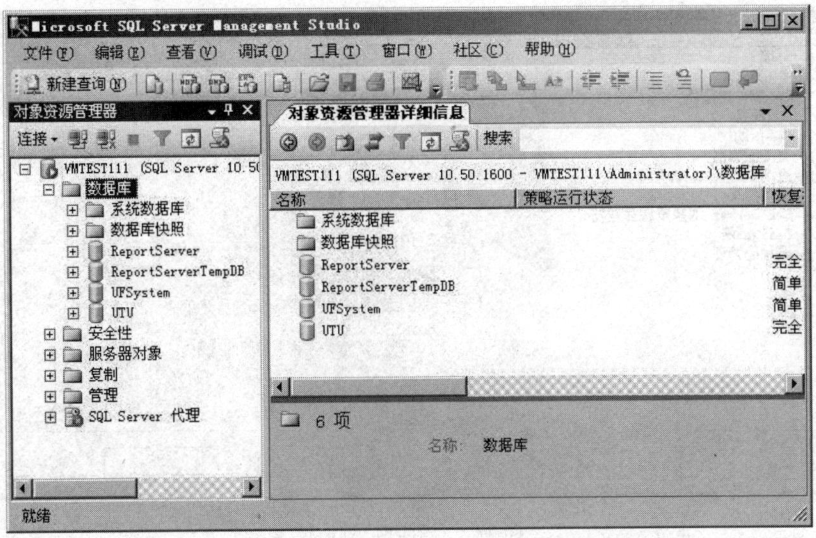

图 1-24 Microsoft SQL Server Management Studio 主界面

（2）已注册的服务器

如果没有看到"已注册的服务器"窗口，可以在"查看"菜单中找到这一菜单选项，有的版本的 SQL Server 2008 是在"视图"菜单中的。

已注册的服务器一般和对象资源管理器一起都在左侧窗格，两者上下并列，或者以选项卡的方式并列。其中列出了常用的服务器，可以在此注册、删除服务器，或者将网络环境下多个SQL Server 服务器组合成服务器组。也可以双击某个已有的服务器进行连接，不需要注册。

（3）"文档"窗口

如果右侧有属性窗口，那么"文档"窗口就是中间窗格，否则就是整个右边的窗格。默认情况下，显示的是对象资源管理器详细信息或者摘要，如果都关掉就什么也没有了。如果打开查询编辑器或者在对象资源管理器中选择某个数据库对象，就可以在此看到它的详细信息。

（4）"选项"设置

选择"工具"菜单的"选项"命令，打开"选项"对话框，如图 1-25 所示，可以对 SQL Server Management Studio 的环境进行设置，如配置启动选项等。

SQL Server Management Studio 菜单、工具栏按钮的功能，和其中窗格的隐藏、移动、停靠等操作，需要读者在使用中慢慢摸索，细心体会。

3. 查看、设置数据库服务器的属性

（1）管理数据库服务器

在对象资源管理器右击数据库服务器，在弹出的快捷菜单中可以选择"启动""停止"或"暂停"命令来管理数据库服务器。也可以选择"连接""断开连接""注册"等命令进行相应的管理。

（2）查看、设置数据库服务器的属性

选择数据库服务器的右键菜单中的"属性"选项，可以查看数据库服务器的属性，如图 1-26 所示中，其"常规"选项中显示了系统、版本和服务器根目录等信息。

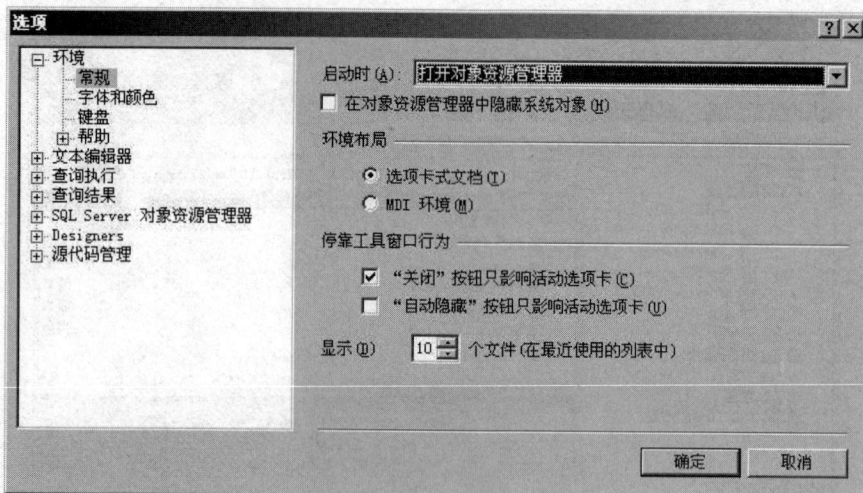

图 1-25 "选项"对话框

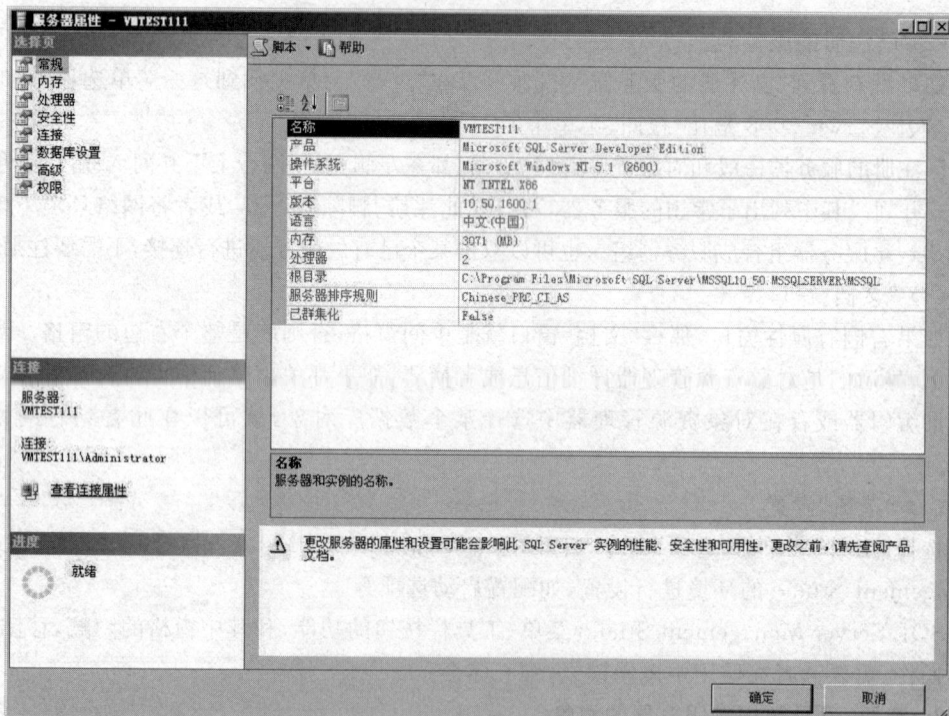

图 1-26 服务器"常规"属性

服务器的"安全性"选项中可以改变身份验证模式，如图 1-27 所示。

在服务器的"数据库设置"选项中可以设置数据库默认位置，具体是数据文件和日志文件的位置，如图 1-28 所示。设置完成以后，创建的数据库的文件默认情况下就在此位置，可以避免和系统数据库的文件混在一起。

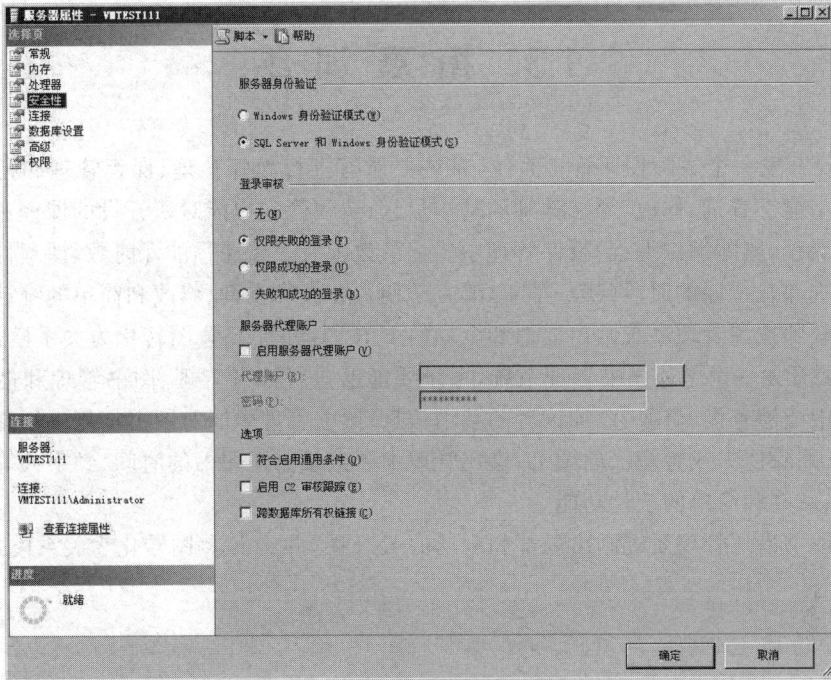

图 1-27 服务器"安全性"属性

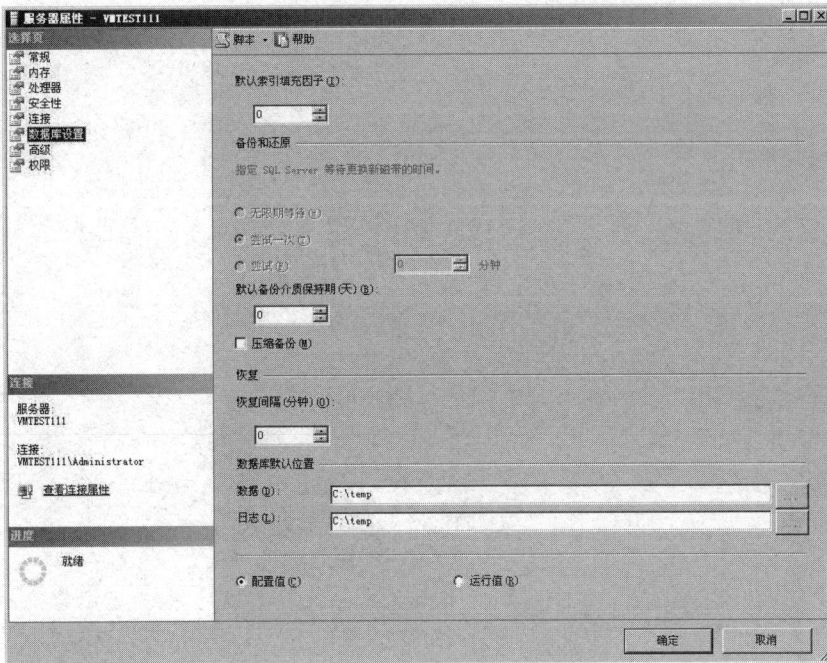

图 1-28 服务器"数据库设置"属性

1.3 拓 展 训 练

（1）要开发一个教师授课管理系统，系统要能够进行教师管理、课程管理和授课管理。教师管理中能够查询、修改、添加教师的基本信息；课程管理中能对所开设的课程进行修改、添加新开课程、删除淘汰课程；授课管理中要记录教师所教授课程的课时数、课程性质（考试课还是考查课）、授课的时段（哪一学年，哪一学期），并提供查询、修改和简单的统计功能。

请对教师授课管理系统画出局部和全局的 E-R 图，并将 E-R 图转化为关系模式。

（2）要开发一个借还图书管理系统，系统要能够进行读者管理、图书管理和借还管理。读者管理中能够查询、修改、添加读者的基本信息；图书管理中能对图书信息进行修改、添加新增图书、删除遗失或者淘汰的图书；借还管理中要记录借还图书的时间、经手人等信息，并提供查询、修改和简单的统计功能。

请对图书借还管理系统画出局部和全局的 E-R 图，并将 E-R 图转化为关系模式。

项目 2　创建和管理数据库

学习了数据库基础,并装好软件之后,接下来就要为学生成绩管理系统创建数据库,同时也要做好数据库的修改、分离、附加等管理工作。

项目目标

- 了解系统数据库以及数据库的存储结构;
- 了解 SQL 的概念;
- 学会数据库的创建和管理。

2.1　知 识 准 备

知识 2-1　系统数据库

从 SQL Server Management Studio 的对象资源管理器中可以看到 3 种数据库:系统数据库,数据库快照和用户数据库,前两个是放在文件夹中的,与用户数据库隔开。

自己创建的数据库就是用户数据库,在此之前,对前两种数据库要有所了解。

(1) 系统数据库包括:master、model、tempdb 和 msdb,见表 2-1。

表 2-1　系统数据库

系统数据库	说　　明
master	记录了 SQL Server 的系统级信息,包括系统中所有的登录账户,系统配置信息,其他数据库是否存在及其文件的位置,SQL Server 的初始化信息等
model	所有用户数据库和 tempdb 数据库的模板。当创建数据库时,系统将 model 数据库中的内容复制到新建的数据库中作为新建数据库的基础
tempdb	临时数据库。用于保存所有的临时表和临时中间结果等。tempdb 数据库在 SQL Server 每次启动时都重新创建,因此它在系统启动时总是空的
msdb	SQL Server 代理服务使用的数据库,为警报、作业、任务调度和记录操作员的操作提供存储空间

(2) 数据库快照是数据库(称为“源数据库”)在某一时间点的只读静态视图,主要为了报表服务。自创建快照时刻起,数据库快照在事务上与源数据库一致。数据库快照始终与其源数据库位于同一服务器实例上。当源数据库更新时,数据库快照也将更新。

知识 2-2　数据库的存储结构

数据库的存储结构分为逻辑存储结构和物理存储结构。逻辑存储结构是指数据库中包的对象和功能。物理存储结构是指数据库文件是如何存储的。

1. 数据库的逻辑存储结构

画图表示数据库时，通常用圆柱体，很形象地表示数据库是一个容器，数据库对象都包含其中。数据库中包含的主要数据库对象及其简要说明见表 2-2。

表 2-2 主要数据库对象

数据库对象	说　　明
表	行、列构成的集合，用来存储数据。表中还包含约束、触发器、索引等对象
数据类型	定义列或变量的数据类型，有系统数据类型，也允许用户定义数据类型
约束	制约表中的数据，增强其有效性和完整性
触发器	特殊的存储过程，当表中的数据发生变化并触发触发器时，该存储过程会被执行
索引	为数据快速检索提供支持，类似于图书的目录
视图	由表或者其他视图导出的虚拟表
存储过程	存放在服务器的一组预先编译好的 SQL 语句

2. 数据库的物理存储结构

数据库的物理存储结构主要有文件、文件组等，主要描述 SQL Server 如何为数据库分配存储空间。

（1）SQL Server 2008 数据库文件有 3 种类型：主数据文件、次数据文件（辅助数据文件）和事务日志文件，各文件的说明见表 2-3。表中 3 种类型的文件都有默认的扩展名，SQL Server 不强制使用，用户可以修改，但不建议这样做。

表 2-3 数据库文件

文件类型	说　　明
主数据文件	包含数据库的启动信息，每个数据库只有一个主数据文件，默认的扩展名是 mdf
次数据文件	可选，如果担心主数据库文件的容量增长超过了 Windows 的限制，就可以使用次数据文件，默认的扩展名是 ndf
事务日志文件	保存恢复数据库的日志信息，每个数据库至少有一个日志文件，默认的扩展名是 ldf

（2）文件组类似于文件夹，是用来给数据文件分组的，不适用于事务日志文件。文件组有主文件组和用户定义的文件组。主文件组 PRIMARY 默认存在。

知识 2-3 什么是 SQL

1. 什么是 SQL

结构化查询语言（Structured Query Language，SQL）是一种数据库查询和程序设计语言，用于存取数据以及查询、更新和管理数据库。SQL 程序必须在 DBMS 中才能够执行。SQL 包含的主要部分如表 2-4 所示。

表 2-4 SQL 包含的主要部分

名　　称	说　　明
数据查询语言（Data Query Language，DQL）	从表中获得数据，其中 SELECT 是 DQL（也是所有 SQL）用得最多的保留字
数据定义语言（Data Definition Language，DDL）	包括 CREATE、ALTER 和 DROP，在数据库中创建、修改和删除数据库对象

续表

名　称	说　明
数据操作语言(Data Manipulation Language, DML)	包括 INSERT、UPDATE 和 DELETE,分别用于添加、修改和删除表中的行
事务处理语言(Transaction Processing Language, TPL)	包括 BEGIN TRANSACTION、COMMIT 和 ROLLBACK 等事务处理语句

2. 什么是 T-SQL

SQL 已经成为国际标准,并且各种通行的数据库系统在支持 SQL 规范的同时都做了某些改编和扩充。微软的 SQL Server 对标准 SQL 改进后,称为 T-SQL(Transact-SQL)。

3. 为什么要学习使用 SQL

SQL Server Management Studio 为管理和开发数据库提供了可视化的环境和强大的功能。也就是说,通过使用鼠标拖动,再配合键盘的一些操作,就能完成一些复杂的数据库工作;但是,仍然不能完全代替 SQL。先有 SQL,为了操作方便才有图形化的工具。同时,某些数据库对象的操作就是依靠 SQL 来完成的,比如存储过程;更主要的原因是,提供给访问数据库的应用程序的操作方式只能是 SQL——一套能够识别并能够执行相应操作的指令集。不管这个应用程序是在数据库服务器端,还是在客户端,SQL 是唯一的方式。

还有一个原因就是 SQL 的通用性。所有数据库产品都支持标准 SQL,不管是 Microsoft SQL Server,还是 Oracle、Sybase、DB2、MySQL 等,无一例外。

2.2　任　务　划　分

任务 2-1　使用 SQL Server Management Studio 创建和管理学生成绩数据库

提出任务

使用 SQL Server Management Studio 创建学生成绩数据库,并能够对此数据库进行属性修改、分离、附加以及重命名、删除的简单管理。

实施任务

1. 创建学生成绩数据库

在 SQL Server Management Studio 的对象资源管理器中选择“数据库”节点,在其右键菜单上选择“新建数据库”命令,弹出“新建数据库”窗口,如图 2-1 所示。

在数据库名称文本框中输入 studentscore,作为学生成绩数据库的名称。在数据库文件列表框中可以看到 1 个数据文件和 1 个日志文件,对应文件类型中的“行数据”和“日志”。单击自动增长列中的扩展按钮,打开如图 2-2 所示的自动增长设置窗口。

自动增长设置窗口可以更改文件的增长方式。还可以更改两个文件的初始大小、路径和文件名。

因为项目 1 的任务 1-3 中对服务器属性的数据库设置做了修改,如图 1-28 所示,所以这里显示修改后的路径。

文件名是物理文件的名称。

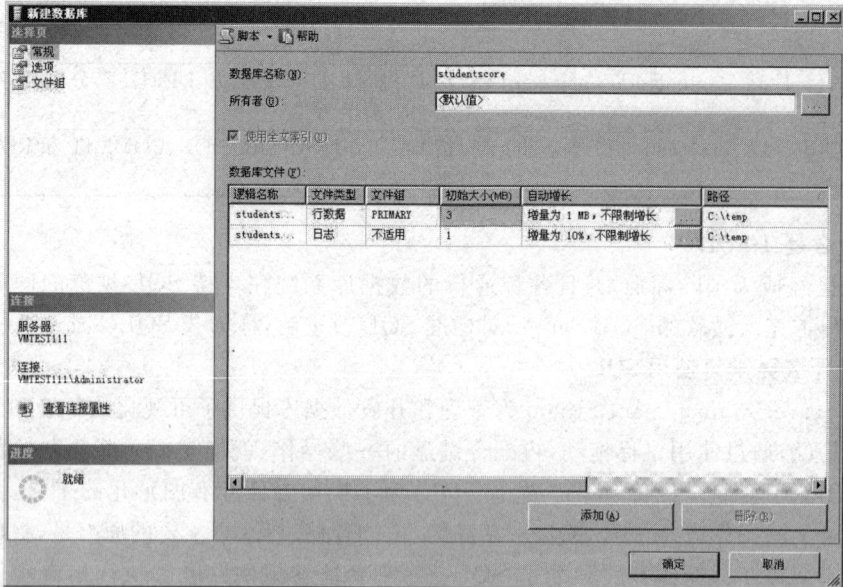

图 2-1 "新建数据库"窗口

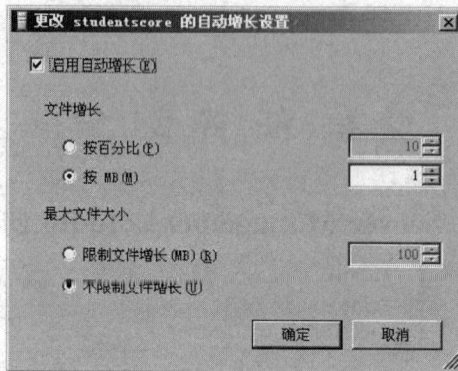

图 2-2 文件自动增长设置

单击图 2-1 的"添加"按钮，可以添加数据库文件，添加的文件在文件类型列中可以选择是数据文件(行数据)还是日志文件(日志)。

文件组属性随着文件类型而变化的，如果是数据文件，文件组可以选择 PRIMARY 或者"＜新文件组＞"，如果是日志文件，文件组就只能是"不适用"。选择"PRIMARY"，是主文件组；选择"＜新文件组＞"，就会弹出如图 2-3 所示的新建文件组对话框，创建后就是用户定义文件组。

添加文件的逻辑名称，初始大小、增长方式、路径和文件名等都可以修改。

上述项目都取默认值，单击"确定"按钮之后学生成绩数据库就创建完成了，通过对象资源管理器能够看到创建完成的数据库 studentscore。根据"路径"和"文件名"的内容，在计算机中就可以找到相应的两个文件。

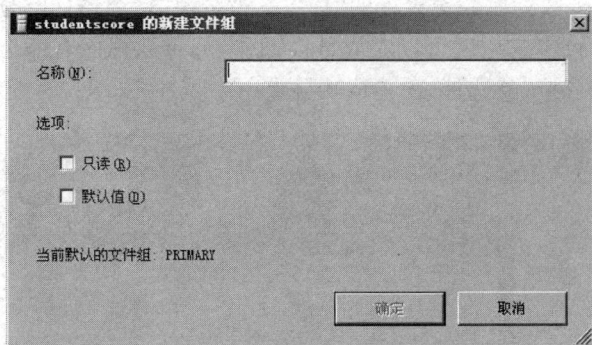

图 2-3 新建文件组

2. 查看、修改学生成绩数据库的属性

选择 studentscore 数据库的右键菜单的"属性"命令，就可以打开"数据库属性"窗口。在"常规"页中，包括备份、数据库、大小和维护的详细信息。

选择"文件"页，和"新建数据库"窗口类似，如图 2-4 所示。可以修改一些已有的数据库文件的属性，也可以添加数据库文件，对数据库进行扩展等。

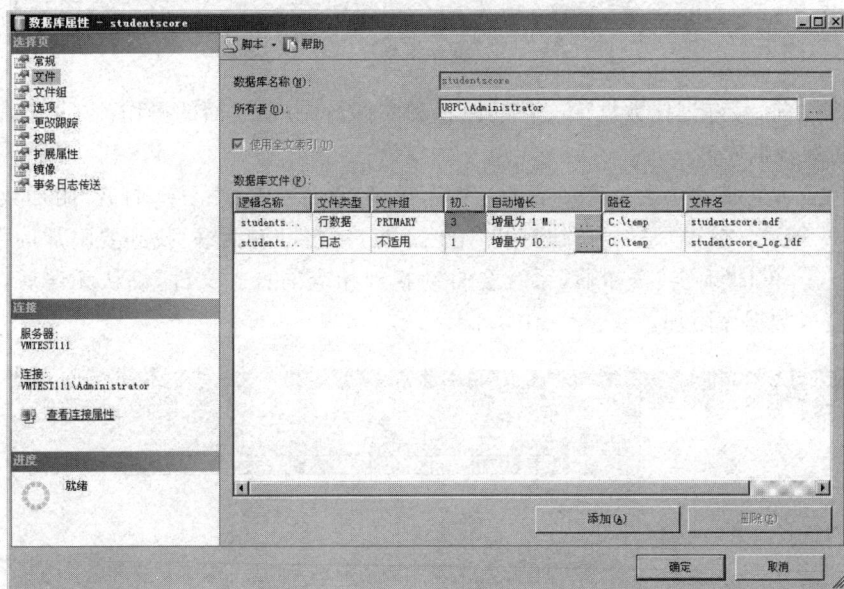

图 2-4 数据库的"文件"属性

3. 学生成绩数据库的分离和附加

如果要把 studentscore 数据库移到另一台计算机上，使用数据库的分离和附加功能最方便。如果只想复制数据库文件，可以先让数据库脱机，复制完成以后再联机即可。

（1）分离数据库

分离数据库就是把数据库从当前的 SQL Server 实例中移除，也就是将数据库文件和数据库管理系统分开。分离后的数据库文件就像普通的 Windows 文件一样可以进行复制、粘贴，也可以附加到当前或者其他数据库实例中。

选择 studentscore 数据库右键菜单的"任务"→"分离"命令，打开"分离数据库"窗口，如图 2-5 所示。单击"确定"按钮就可以完成分离操作，如果数据库有一个或者多个活动连接时，则必须选中"删除连接"复选框，才能成功分离。

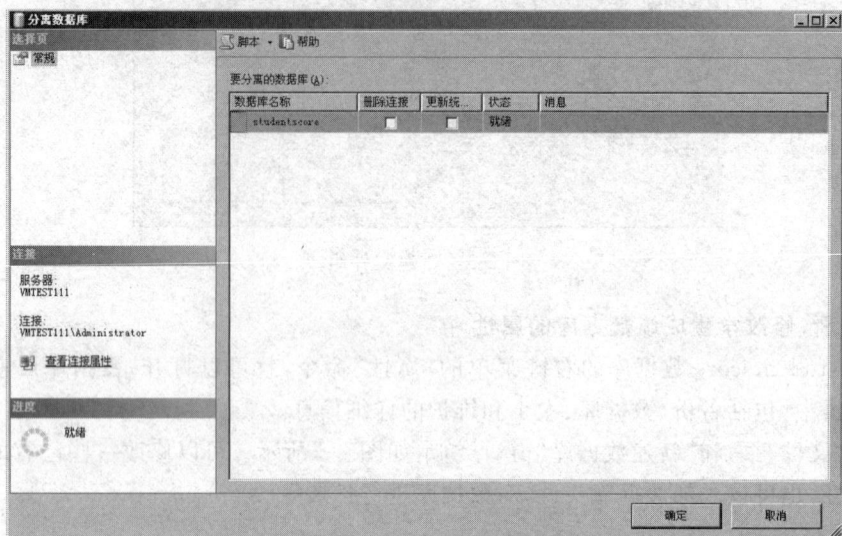

图 2-5 "分离数据库"窗口

在分离之前，最好记住数据库文件的路径和文件名，方便后面的操作。

（2）附加数据库

在对象资源管理器中数据库节点的右键菜单中，选择"附加"命令，打开"附加数据库"窗口，如图 2-6 所示。单击"添加"按钮打开"定位数据库文件"对话框，找到要附加的数据库的主数据文件。单击"确定"按钮后，系统会自动找到相应的日志文件，确认无误后，单击"确定"按钮，完成数据库附加。

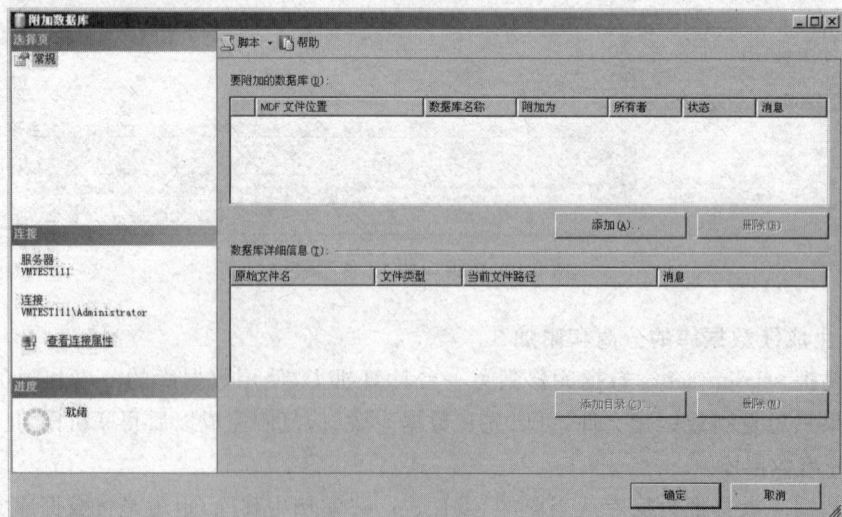

图 2-6 "附加数据库"窗口

4. 学生成绩数据库的重命名和删除

选择 studentscore 数据库右键菜单中的"重命名"或者"删除"命令,就可以完成相应的操作。但要注意,数据库一旦删除,文件和数据就会永久删除,不能恢复。

任务 2-2　使用 T-SQL 创建和管理学生成绩数据库

提出任务

使用 T-SQL 创建学生成绩数据库,并能够对此数据库进行修改、分离、附加以及重命名、删除等简单管理。(本书很多使用 T-SQL 的任务和前面的任务相同,是为了学习的目的,敬请读者注意。)

实施任务

1. 创建学生成绩数据库

单击 SQL Server Management Studio 窗口工具栏中的"新建查询"按钮,打开新建查询窗口,输入如下代码,为了帮助理解,加了一些注释。

单行注释是从"--"开始,多行注释在"/*"和"*/"之间,注释能帮助读者更好地理解语句,不影响语句的执行。另外注意,SQL 语句不区分大小写。

```
CREATE DATABASE studentscore              --创建数据库 studentscore
    ON PRIMARY                            --PRIMARY 可省略,第 1 个数据文件默认属于主文件组
(                                         --主数据文件的信息
    NAME='studentscore',                  --主数据文件的逻辑名
    FILENAME='C:\temp\studentscore.mdf',  --主数据文件的物理名
    SIZE=3072KB ,                         --主数据文件的初始大小
    MAXSIZE=UNLIMITED,                    --主数据文件的最大值
    FILEGROWTH=1024KB                     --主数据文件的增长率,注意: 行末没有逗号
) --如果还有数据文件,在此加上",",在下一组"( )"里写新数据文件的信息
    LOG ON                                --日志文件的信息
( --为方便学习时辨认,SQL 语句中的关键字、系统存储过程等都用大写
    NAME='studentscore_log',             --日志文件的逻辑名
    FILENAME='C:\temp\studentscore_log.ldf', --日志文件的物理名
    SIZE=1024KB ,                         --日志文件的初始大小
    MAXSIZE=2048GB ,                      --日志文件的最大值
    FILEGROWTH=10%                        --日志文件的增长率
) --如果还有日志文件,在此加上",",在下一组"( )"里写新日志文件的信息
    GO                                    --语句批处理的标志,如果只有 1 批语句,可省略
```

打开查询窗口后,SQL Server Management Studio 工具栏中会出现 SQL 编辑器工具栏,单击工具栏中"分析"按钮分析输入的 SQL 语句的语法,语法正确后单击"执行"按钮执行 SQL,或者直接按 F5 键(查询窗口可以只分析和执行选中的语句),这里要避免存在和 studentscore 同名的数据库。成功创建数据库后,消息栏出现"命令已成功完成"。在对象资源管理器的数据库节点上刷新,或者单击对象资源管理器上"刷新"按钮,再展开数据库节点,就可以看到新建的数据库了,如图 2-7 所示。

掌握 SQL 是学习数据库的重点,读者要对比 SQL Server Management Studio 创建数据库的过程去理解 SQL 语句的含义,并且需要反复练习才能掌握。

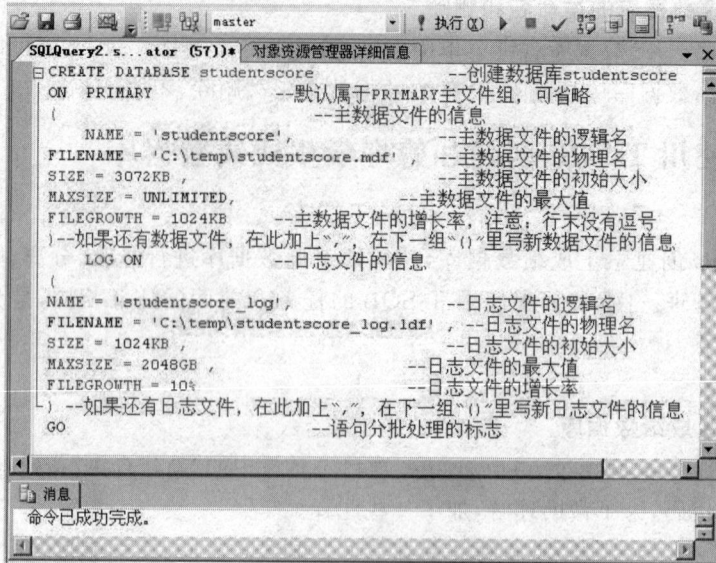

图 2-7　创建数据库的 T-SQL 代码

2. 修改学生成绩数据库

（1）修改学生成绩数据库，为 studentscore 数据库增加一个数据文件

```
ALTER DATABASE studentscore              --修改数据库 studentscore
ADD FILE                                 --添加数据文件,添加日志文件是 ADD LOG FILE
(
    NAME='studentscore_data2',
    FILENAME='C:\temp\studentscore_data2.ndf' ,
    SIZE=3072KB ,
    MAXSIZE=50MB,
    FILEGROWTH=1024KB
)
GO
```

代码执行成功后，查看 studentscore 数据库属性的"文件"页，可以看到多了一个数据文件，在代码中没有指定文件组的情况下，默认属于 PRIMARY 主文件组。在新添加文件的路径位置，可以找到对应的物理文件。

（2）删除刚才添加的数据文件

```
ALTER DATABASE studentscore
REMOVE FILE studentscore_data2           --删除日志文件是 REMOVE LOG FILE
GO
```

3. 学生成绩数据库的分离和附加

使用 T-SQL 分离和附加数据库，要执行系统存储过程，存储过程的概念在表 2-2 中介绍过。系统存储过程是系统自带的，主要存储在 master 数据库中，名称以 sp_开头（sp 是 system procedure 的简写），可以作为命令直接执行，执行的语法格式：EXEC 系统存储过程名称,或者省略 EXEC(EXEC 是 EXECUTE 的简写)。

(1) 分离 studentscore 数据库

```
EXEC SP_DETACH_DB studentscore                    --如果数据库正在使用,将不能分离
```

上面的语句成功执行后,刷新对象资源管理器的数据库节点,studentscore 数据库就没有了。

(2) 附加 studentscore 数据库

```
EXEC SP_ATTACH_DB @dbname=studentscore,           --数据库名称参数
        @filename1='c:\temp\studentscore.mdf'     --主数据文件参数
```

上面的语句成功执行后,应该能够看到 studentscore 数据库。

分离数据库的存储过程 SP_DETACH 是不带参数的,附加数据库的存储过程 SP_ATTACH_DB 是带参数的,@dbname、@filename1 是参数名称。

4. 学生成绩数据库的重命名和删除

(1) studentscore 数据库重命名为 ss_db

重命名数据库需要执行系统存储过程 SP_RENAMEDB。

```
SP_RENAMEDB 'studentscore','ss_db'                --省略 EXEC
```

注意:调用存储过程时,如果不是批处理中的第一条语句,不能省略 EXEC。

(2) 删除 ss_db 数据库

```
DROP DATABASE ss_db                               --删除 ss_db 数据库
```

2.3 拓 展 训 练

延续 1.3 拓展训练,分别使用 SQL Server Management Studio 和 T-SQL 完成下面的训练内容。

(1) 创建教师授课数据库,并能够对此数据库进行修改、分离、附加以及重命名、删除的简单管理。

(2) 创建图书借还数据库,并能够对此数据库进行修改、分离、附加以及重命名、删除的简单管理。

项目 3 创建和管理表并操作表中的数据

数据是放在数据库的表中的,按照设计学生成绩数据库所得到关系模式,在 studentscore 数据库中创建表,并对表进行修改,删除管理;还要在表中插入数据,修改数据和删除数据。

项目目标
- 了解数据库常用的数据类型,掌握最基本的一些数据类型;
- 掌握表的创建和管理;
- 掌握表中数据的基本操作。

3.1 知 识 准 备

知识 3-1   数据类型和空值

1. 数据类型

要处理数据,就要考虑数据的值和存储格式,数据的值所表达的信息有一定的范围和运算方式。比如,成绩一般是数字,范围通常是 0~100,能够进行数学运算。姓名一般是 4 个字以内的汉字,不能进行数学运算。成绩和姓名就是不同类型的数据,不同类型的数据存储格式也不相同。所以为了处理数据的方便,SQL Server 2008 数据库提供了很多数据类型,称为系统数据类型。除此之外,还有用户定义数据类型,一般是在系统数据类型的基础上做一些取值范围等的重新定义。

常用的系统数据类型见表 3-1,要使用表格中未列出的数据类型,请查阅 SQL Server 联机丛书或者相关资料。

表 3-1   常用的系统数据类型

类别	数据类型	存储字节数及说明		范 围
整型	tinyint	1		$0 \sim 2^8 - 1$
	smallint	2		$-2^{15} \sim 2^{15} - 1$
	int	4		$-2^{31} \sim 2^{31} - 1$
	bigint	8		$-2^{63} \sim 2^{63} - 1$
字符型	char[(n)]	n,固定长度,实际长度小于 n 的部分用空格填充		$1 \sim 8000$
	varchar[(n)]	变长,实际长度小于 n 的部分不用空格填充		$1 \sim 8000$
	text	根据数据长度自动分配空间		$1 \sim 2^{31} - 1$

类别	数据类型	存储字节数及说明	范　围
Unicode 字符型	nchar[(n)]	和字符型不同的是采用 Unicode(统一字符编码)字符集,以 2 字节作为 1 个存储单位。注意:一个汉字占 2 字节	$1\sim4000$
	nvarchar[(n)]		$1\sim4000$
	ntext		$1\sim2^{30}-1$
精确数 值型	decimal[(p[,s])]	$5\sim17$,p 是有效位数,s 是小数位数,例如,decimal(7,2)表示 7 位数中有 2 位小数	$-10^{38}+1\sim10^{38}-1$
	numeric[(p[,s])]		
近似数 值型	real	4	$-3.4E+38\sim$ $3.4E38$
	float[(n)]	8	$-1.79E+308\sim$ $1.79E+308$
布尔型	bit	1,只存储 NULL(空值),0,1(非 0)	
日期时 间型	smalldatetime	4,精确到分钟	$1900-1-1\sim$ $2079-6-6$
	datetime	8,精确到 3.33ms	$1753-1-1\sim$ $9999-12-31$
货币 类型	smallmoney	4,类似于 decimal,但只有 4 位小数	
	money	8,同上	

2. 空值

空值(NULL)意味着没有输入,表示值未知或未定义,不是 0、空白或零长度的字符串。设计表时,"允许 Null 值"的特性决定了该列是否允许有空值。要将表中原有的非空的列的值改为空值,直接替换为 NULL(大写),或者按 Ctrl+0 组合键即可。

3.2　任务划分

任务 3-1　使用 SQL Server Management Studio 创建和管理表以及操作表中的数据

提出任务

使用 SQL Server Management Studio 创建学生成绩数据库中的表,并能够对表进行修改、删除的简单管理,以及操作表中的数据。

实施任务

1. 确定学生成绩项目中各表的结构

在知识 1-3 数据库的设计中,已经设计好了学生成绩项目的 3 个关系模式:

学生(学号,姓名,性别,出生日期)

课程(课程编号,课程名称)

成绩(学号,课程编号,成绩)

根据这 3 个关系模式,确定学生表、课程表和成绩表的结构,如表 3-2～表 3-4 所示。

表 3-2　学生表 t_student

属　性	列　名	数据类型	允许空	说　明
学号	sno	char(10)	否	学号不能为空
姓名	sname	nchar(10)	是	用 unicode 字符，可以存储 10 个汉字
性别	ssex	char(2)	是	性别只有男、女
出生日期	sbirthday	smalldatetime	是	

表 3-3　课程表 t_course

属　性	列　名	数据类型	允许空	说　明
课程编号	cno	char(10)	否	课程编号不能为空
课程名称	cname	nchar(30)	是	用 unicode 字符，可以存储 30 个汉字

表 3-4　成绩表 t_score

属　性	列　名	数据类型	允许空	说　明
学号	sno	char(10)	否	学号不能为空
课程编号	cno	char(10)	否	课程编号不能为空
成绩	score	tinyint	是	是一个具体的分数

表的列名都用的是英文字母，也可以用汉字。为了避免使用 SQL 语句时经常切换输入法，更是为了使数据库被移植到没有中文字符集的系统时不出问题。所以，列名、表名和前面的数据库名称，以及后面的数据库对象的名称，建议都用英文字母。这里的学生表、课程表和成绩表分别命名为 t_student、t_course 和 t_score。

2. 创建和管理表以及操作表中的数据

（1）创建和管理表

对象资源管理器中选择 studentscore 数据库并展开，在其中表节点的右键菜单中选择"新建表"命令，打开新建表窗口，按表 3-2 所确定的学生表的结构，输入列名、设置数据类型和"允许 Null 值"，完成以后保存，保存名称为 t_student，如图 3-1 所示。创建成功后，在对象资源管理器中可以看到该表，但这个表是空表，没有数据。

如果对 t_student 表的结构不满意，可以选择表的右键菜单中的"设计"命令，重新打开设计窗口进行修改——修改列的名称、列的数据类型等信息，或者删除列。

对修改后的表进行保存，可能出现以下提示，如图 3-2 所示。

图 3-1　创建学生表

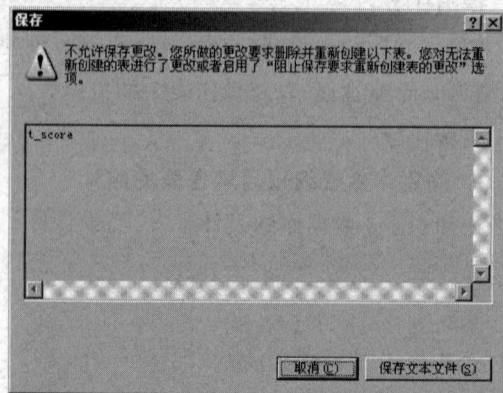

图 3-2　不允许保存更改

这时需要在"工具"菜单中选择"选项"命令,打开"选项"对话框,如图 3-3 所示。

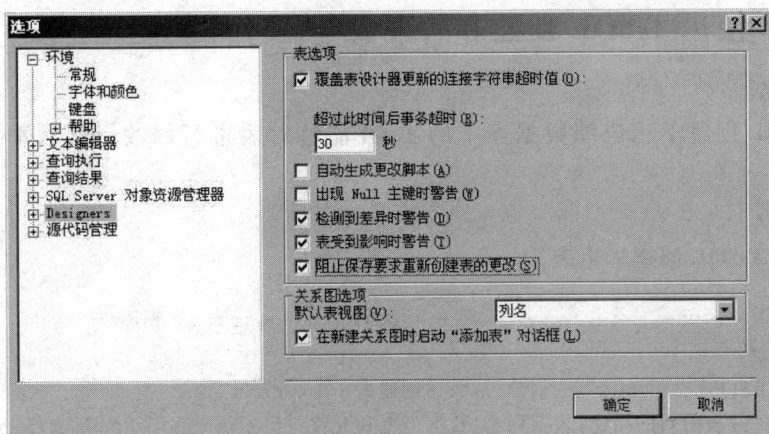

图 3-3　"选项"对话框

在如图 3-3 所示的"选项"对话框中,左边列表框中选择 Desigers 节点,右边的"表选项"框里取消选中"阻止保存要求重新创建表的更改"复选框,单击"确定"按钮以后,就可以保存表的修改。

同样,在 t_student 表的右键菜单中选择"重命名"或者"删除"命令,就可以完成相应的操作。

在对象资源管理器的表节点中,展开 t_student 表,可以看其中的列的信息以及其他节点,对于不需要的列可以在其右键菜单中选择"删除"命令,直接进行删除。

(2) 操作表中的数据

在 t_student 表的右键菜单中选择"编辑前 200 行"命令,打开表的编辑窗口,可以输入项目 1 的图 1-5 中的数据。输入数据时,一行一行地输入,输入每一行时,左边会有编辑标志。输完一行后,光标移到上一行或下一行,或者关闭编辑窗口,这时系统会自动检查输入的数据是否符合要求,比如是否符合数据类型的要求,还有其他要求(数据完整性的要求,后面会学习到)。检查无误后,一行数据(一条记录)会自动保存(插入)到数据库中,如图 3-4 所示。

图 3-4　输入学生表的数据

如果输入的数据不符合检查要求,系统会给出错误提示,当前行仍然是编辑状态,需要用户进行修改。

在输入数据的过程中可以看到,表的编辑窗口总会有一条空白行,行中的每个列都是空值(NULL),这是为了输入的方便。

输完数据后关闭编辑窗口,如果对输入的数据不满意,可以重新打开编辑窗口进行添加、修改和删除操作。如果只想查看数据,可以选择表右键菜单中的"选择前 1000 行"命令。

31

请读者按照同样的方法创建课程表、成绩表并输入数据。

任务 3-2　使用 T-SQL 创建和管理表

提出任务

使用 SQL 创建学生成绩数据库中的表，并能够对表进行修改、删除、重命名的简单管理。

实施任务

1. 使用 T-SQL 创建学生表

```
USE studentscore                        --切换到 studentscore 数据库
GO
CREATE TABLE t_student                  --创建表 t_student
(          --表的列的描述,包括列名、数据类型和允许空设置
    sno char(10) NOT NULL,
    sname nchar(10) NULL,
    ssex char(2) NULL,
    sbirthday smalldatetime NULL
)
GO
```

USE 语句在使用 T-SQL 创建和管理数据库时没有用到。如果要用，应该是 USE master,省略后没有影响,因为是数据库级别的操作。在使用 T-SQL 创建表时,如果省略此语句,就有可能把表创建到其他数据库中。

如果省略 USE 语句,可以在 SQL 编辑器工具栏的可用数据库列表框(图 2-7 中可以看到)中选择 studentscore 数据库,实现与使用 USE 语句同样的效果。为了规范代码的使用,建议使用 USE 语句。

请读者参考创建学生表 t_student 的语句创建课程表 t_course 和成绩表 t_score。

2. 使用 T-SQL 修改学生表

(1) 在 t_student 表中,增加两列,生源地和手机号码,列名分别是 sbirthplace 和 smphoneno,数据类型分别是 nchar(10)和 char(11),都允许为空。

```
USE studentscore
GO
ALTER TABLE t_student                   --修改表 t_student
ADD sbirthplace nchar(10) null,   --增加的列的名称、数据类型和允许空设置
smphoneno char(11) null
GO
```

(2) 删除(1)中增加的手机号码列。

```
USE studentscore
GO
ALTER TABLE t_student
DROP COLUMN smphoneno                    --删除 smphoneno 列
GO
```

（3）修改 t_student 表中 sbirthday 列的数据类型为 datetime。

```
USE studentscore
GO
ALTER TABLE t_student
ALTER COLUMN sbirthday datetime   --修改 sbirthday 列的数据类型为 datetime
GO
```

3. 重命名和删除学生表

（1）把 t_student 表重命名为 t_studinfo。

```
USE studentscore
EXEC SP_RENAME 't_student','t_studinfo'   --重命名用户创建的数据库对象
GO
```

（2）删除表 t_studinfo。

```
USE studentscore
DROP TABLE t_studinfo                --删除表 t_studinfo
GO
```

任务 3-3 使用 T-SQL 操作表中的数据

提出任务

使用 SQL 对表中的数据进行插入、修改、删除和查看操作。

实施任务

1. 使用 INSERT 语句在学生表中插入行

（1）所有列都有值，NULL 不能省略，值的顺序必须和表中原有列的顺序一致。

```
USE studentscore
INSERT t_student VALUES('s15004','虚竹', NULL, '1999-11-23')
```

INSERT 语句中字符型数据和日期时间型数据都要使用英文单引号""括起来。

（2）给指定的列插入值，不允许为空的列是必须插入非 NULL 的值的。

```
USE studentscore
INSERT t_student(sname,sno,sbirthday)
VALUES('慕容复','s15005', '1995-12-3')      --值的顺序必须和指定列的顺序一致
```

2. 使用 UPDATE 语句修改学生表的数据

```
USE studentscore
UPDATE t_student
SET sname='阿朱'
WHERE sno='s15005'  --指定满足条件的行，若无此条件，或者所有行都满足此条件，所有行都被修改
```

3. 使用 DELETE 语句删除学生表的数据

删除 ssex 列上值为空的行。

```
USE studentscore
DELETE FROM t_student
```

```
WHERE ssex IS NULL                    --若无此条件,或者所有行都满足此条件,整个表被清空
```

4. 使用 SELECT 语句查看学生表中的数据

```
USE studentscore
SELECT * FROM t_student                --*是通配符,代表学生表的所有列
```

执行以后,如果学生表 t_student 有数据就能全部看到。如果在前面的操作中删除全部数据,请重新插入一些行再进行查看。

如果只想查看学生的姓名和出生日期,语句是:

```
USE studentscore
SELECT sname,sbirthday FROM t_student
```

SELECT 语句有着强大的功能和复杂的应用,在项目 5 中会有详细的介绍。

3.3　拓　展　训　练

延续前面的拓展训练,分别使用 SQL Server Management Studio 和 T-SQL 完成下面的训练内容。

(1) 根据 1.3 拓展训练(1)中教师授课管理系统所得到的关系模式,假设已经确定出教师表、课程表和授课表的结构,分别见表 3-5～表 3-7。在 2.3 拓展训练(2)所创建的教师授课数据库中,创建上述 3 张表,并对表进行修改、删除等管理,还要在表中插入数据、修改数据和删除数据。

表 3-5　教师表

属　性	列　名	数据类型	允许空	说　明
工号	tno	char(10)	否	工号不能为空
姓名	tname	nchar(10)	是	用 unicode 字符,可以存储 10 个汉字
性别	tsex	char(2)	是	性别只有男、女
出生日期	tbirthday	smalldatetime	是	

表 3-6　课程表

属　性	列　名	数据类型	允许空	说　明
课程编号	cno	char(10)	否	课程编号不能为空
课程名称	cname	nchar(30)	是	用 unicode 字符,可以存储 30 个汉字

表 3-7　授课表

属　性	列　名	数据类型	允许空	说　明
工号	tno	char(10)	否	工号不能为空
课程编号	cno	char(10)	否	课程编号不能为空
课时数	classhours	tinyint	是	是一个具体的数字
课程性质	coursenature	nchar(10)	是	考试课还是考查课
授课时段	teachingperiod	nchar(20)	是	具体的学年、学期

（2）根据 1.3 拓展训练（2）中图书借还管理系统所得到的关系模式，假设已经确定出读者表、图书表和借还书表的结构，分别见表 3-8～表 3-10。在 2.3 拓展训练（2）所创建的图书借还书数据库中，创建上述 3 张表，并对表进行修改、删除等管理，还要在表中插入数据、修改数据和删除数据。

表 3-8　读者表

属　性	列　名	数据类型	允许空	说　　明
读者编号	rno	char(10)	否	读者编号不能为空
读者姓名	rname	nchar(10)	是	用 unicode 字符，可以存储 10 个汉字
读者性别	rsex	char(2)	是	性别只有男、女
所属部门	rdept	nchar(15)	是	

表 3-9　图书表

属　性	列　名	数据类型	允许空	说　　明
图书编号	bno	char(10)	否	课程编号不能为空
图书名称	bname	nchar(30)	是	用 unicode 字符
出版时间	bpubdate	smalldatetime	是	
图书价格	bprice	smallmoney	是	
标准书号	bisbn	char(13)	是	

表 3-10　借还书表

属　性	列　名	数据类型	允许空	说　　明
读者编号	rno	char(10)	否	读者编号不能为空
图书编号	bno	char(10)	否	图书编号不能为空
借书时间	borrowtime	smalldatetime	否	借书时间不能为空
还书时间	returntime	smalldatetime	是	

项目 4　使用约束实现数据完整性

若表中的数据仅仅符合所在列的数据类型的要求,并不能保证它是准确和合理的。数据的准确和合理就是数据完整性。约束、规则、默认值是实现数据完整性的主要方法。

项目目标

- 掌握数据完整性的概念,约束的概念;
- 掌握不同种类约束的概念和使用;
- 了解规则和默认值对象。

4.1　知　识　准　备

知识 4-1　数据完整性

在项目 3 中操作表的数据时,可能会出现意想不到的问题。例如,插入了 2 行或者多行完全相同的数据(每个列的值都相同);性别输入了"难"或者出生日期输入了 1898-5-6,本来应该输入的是 1988-5-6;还有成绩表中出现了学生表中没有的学号,或者课程表中没有的课程编号。

上述 3 个问题对应数据完整性的分类:实体完整性、域完整性和参照完整性的各自体现。这三类数据完整性示意图如图 4-1 所示。

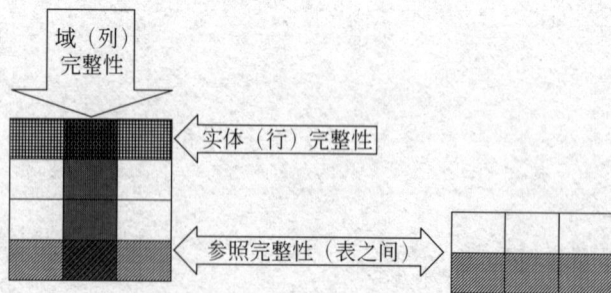

图 4-1　三类数据完整性示意图

1. 实体完整性

实体完整性即行完整性,保证表中每一个实体(行)都是唯一的。实体的概念就是客观存在的互不相同的事物。

2. 域完整性

域完整性是指列输入的数据的有效性,即保证指定列的数据具有正确的数据类型、格式和有效的范围。

3. 参照完整性

参照完整性保证表与表之间的数据的一致性。例如,成绩表中不能出现学生表中没有的学号或者课程表中没有的课程编号;如果出现了,数据就不一致,就破坏了数据的参照完整性。

知识 4-2　约束

1. 约束的概念

表 2-2 中对约束做了介绍,约束是实现数据完整性的主要手段。SQL Server 数据库提供了如下 6 种约束。

(1) 主键(Primary Key)约束:键也就是码,项目 1 的知识 1-1 中介绍过。码是唯一标识实体的最小的属性组,码可以有多个,主键只能有 1 个。例如,学生表中的学号和身份证号码都是码,但不能定义 2 个主键,只能选择其一。

有时,表中的任何一个列都不能单独作为码。例如,成绩表中的学号、课程编号和成绩。这时将学号和课程编号组合起来作为码,那么主键也就在这两个列上。

(2) 唯一(Unique)约束:要求列的值唯一,可以包含 NULL,但只能有一个。

(3) 外键(Foreign Key)约束:外键是对应于另一张表的主键或者唯一键而言的。外键列的取值必须"引用"或者"参照"所对应的另一张表的主键或者唯一键的值。

比如参照完整性举的例子。学生表中的学号是主键,成绩表中的学号可以是它的外键。这样,成绩表中的学号必须来自于学生表的学号,不能无中生有。学生表中没有的学号,成绩表中不能插入。如果成绩表中有对应的外键,学生表的学号不能更改(或者更改了学生表的学号,成绩表的学号必须作一致的更改)。要删除学生表的一行,如果成绩表中学号有对应的外键,则必须先删除对应外键所在的行。

如果学生表中的学号不是主键而是唯一键,也同样满足主外键关系。

(4) 检查(Check)约束:检查列的值是否在规定的取值范围内。例如,学生表的性别列只能输入"男"或"女"。

(5) 默认值(Default)约束:为列提供默认值,从而简化数据处理程序。例如,某个班级中,男同学占多数的情况下,学生表的性别列可以设置默认值为"男"。

(6) 非空(Not NULL)约束:不允许空值(NULL)。使用 SQL Server Management Studio 或 T-SQL 创建表时,已经设置过非空约束。

2. 实现数据完整性的方法

约束是实现数据完整性的主要方法,还有其他方法,如规则和默认值,如表 4-1 所示。规则和默认值是数据库的可编程性对象,不再像约束一样依附于表,可以看作 CHECK 和 DEFAULT 约束的延伸,在表 4-1 中也放在约束类型中。

表 4-1　实现数据完整性的方法

完整性类型	约束类型	说　　明
实体完整性	Primary Key	唯一标识每一行，不允许有空值
	Unique	防止出现重复值，可以有一个空值
域完整性	Check	指定列的取值范围
	Default	提供默认值
	Not Null	不允许空值
	规则	类似于 Check 约束，但不依附于表，可应用于多个列
	默认值对象	类似于 Default 约束，但不依附于表，可应用于多个列
参照完整性	Foreign Key	保证表之间数据的一致性

4.2　任 务 划 分

任务 4-1　使用 SQL Server Management Studio 创建和管理约束

提出任务

在数据库 studentscore 中，使用 SQL Server Management Studio 创建和管理约束，具体任务如下。

（1）学生表的学号、课程表的课程编号、成绩表的学号和课程编号（组合在一起）分别设置为主键。

（2）学生的性别默认值为"男"，只能输入"男"或"女"。

（3）学生表的手机号码唯一，如果没有此列，请先添加列。如果学生表中已经有数据，需要在手机号码列中输入满足唯一键要求的数据；否则不需要输入。

（4）成绩表的成绩要求在 0～100。

（5）成绩表中的学号必须来自于学生表的学号，成绩表中课程编号必须来自于课程表的课程编号，不能无中生有。

实施任务

1. 设置主键

打开 t_student 表的编辑窗口，选择学号列 sno 的右键菜单中的"设置主键"命令，就可以设置成功。或者选择 sno 列后，单击表设计器工具栏的"设置主键"按钮（钥匙），也可以实现，如图 4-2 所示。设置完成后，单击工具栏的"保存"按钮保存。

按照同样的方法设置成绩表的主键。如果主键是多个列的组合，例如，成绩表学号和课程编号，需要按住 Ctrl 键选择两个列后再设置。

2. 设置默认值

在 t_student 表的编辑窗口，选择 ssex 列，在下面的列属性对话框的"默认值或绑定"后面框中

图 4-2　设置主键

输入"男"，如图 4-3 所示，设置完成后保存。

3. 设置 Check 约束

在 t_student 表的编辑窗口的空白处，右击，右键菜单中选择"CHECK 约束"命令，打开对话框。单击"添加"按钮后，系统会自动给添加的 Check 约束命名，然后在表达式后面输入"ssex='男' or ssex='女'"。或者单击输入框右侧的扩展按钮，打开"CHECK 约束表达式"对话框。如图 4-4 所示，设置完成后保存。

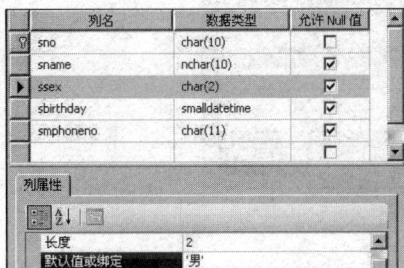

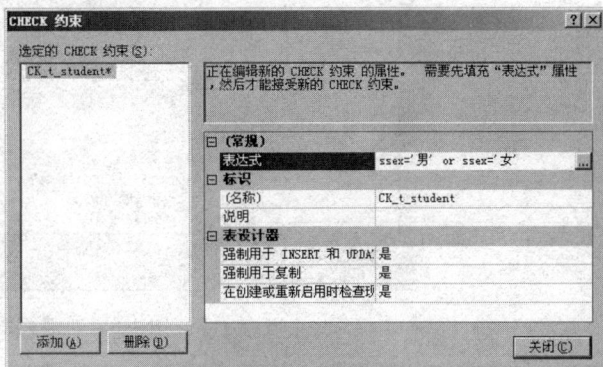

图 4-3　设置默认值　　　　　　　　图 4-4　CHECK 约束

同样在成绩表上设置 CHECK 约束，要求成绩在 0～100，表达式应该为 score>=0 and score<=100。

4. 设置唯一约束

在 t_student 表的编辑窗口的右键菜单中选择"索引/键"命令，打开对话框，单击"添加"按钮，然后在"类型"右边的列表框中选择"唯一键"命令，最后单击"列"右侧的扩展按钮，打开"索引列"窗口，选择 smphoneno。如图 4-5 所示，设置完成后保存。

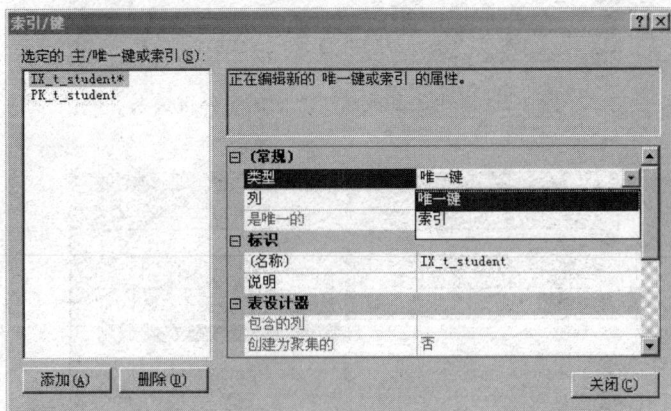

图 4-5　索引/键

5. 设置外键约束

（1）设置外键约束

在成绩表 t_score 的编辑窗口的空白处，右击，右键菜单中选择"关系"命令，打开"外键关系"对话框。单击"添加"按钮，如图 4-6 所示。然后单击"表和列规范"右侧的扩展按钮，打开"表和列"对话框，如图 4-7 所示。选择主键表 t_student 的 sno 列对应外键表 t_score 的 sno 列，表示成绩表的学号参照学生表的学号。按照同样的方法，设置课程表和成绩表之间的主外键关系，表和列规范的设置如图 4-8 所示。

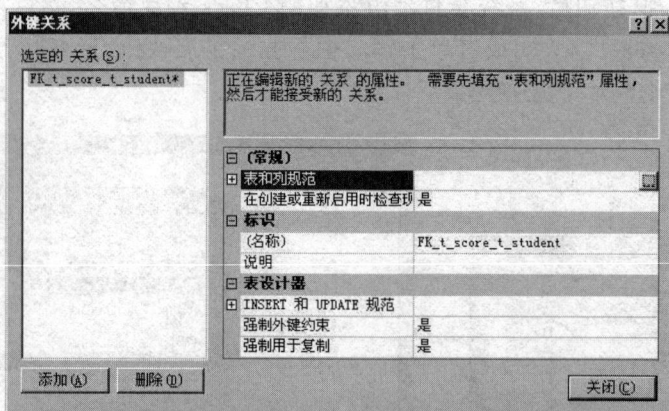

图 4-6　外键关系

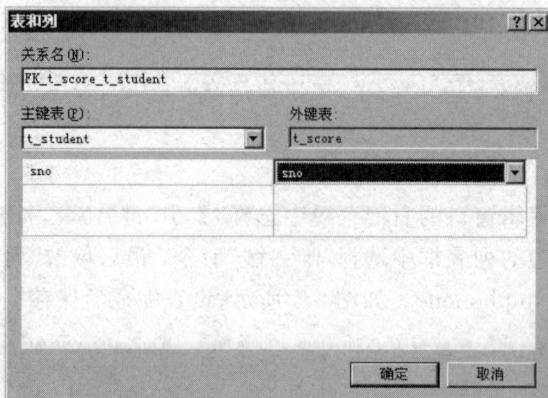

图 4-7　学生表和成绩表之间的主外键关系

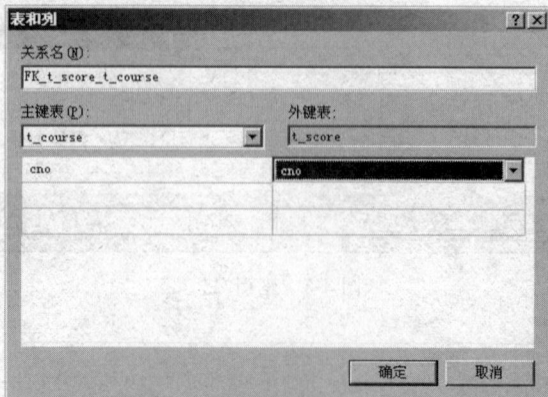

图 4-8　课程表和成绩表之间的主外键关系

设置完成的外键关系,在主键表的"关系"中也可以看到。

(2)测试外键约束

这里测试 t_student 表和 t_score 表的主外键关系。

t_score 表中不能添加 t_student 表中没有的学号,t_score 表中学号也不能修改为 t_student 表中没有的学号。

t_student 表中已经被参照到外键的学号,不能修改和删除,因为修改或删除会违反外键约束。

查看外键关系的属性,展开 INSERT 和 UPDATE 规范,如图 4-9 所示。可以看到"更新规则"和"删除规则"默认值都是"不执行任何操作"。所以,前面外键列所对应的主键列的值不能修改和删除。

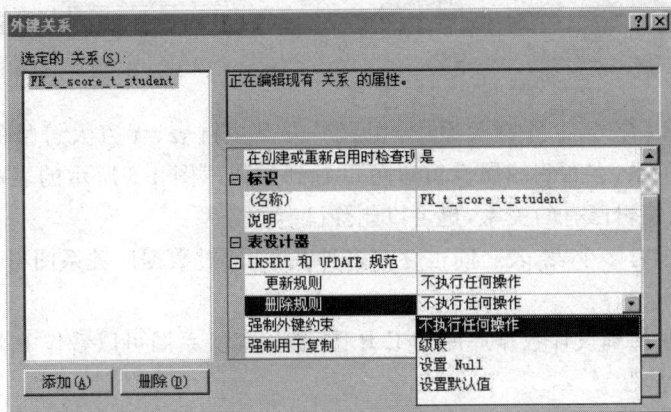

图 4-9 外键关系属性

如果把图 4-9 中的"更新规则"和"删除规则"都改为"级联",保存后,t_student 表已经被参照到外键的学号就可以修改和删除。这时,修改 t_student 表中的学号,对应的 t_score 表中的外键也会被修改;删除 t_student 表中的行,t_score 表中引用被删除学号的数据行也会被删除,这就是级联(英文为 CASCADE,在 SQL Server 2005 中文版中译为"层叠")。

"更新规则"和"删除规则"的"设置 Null"表示:如果表的所有外键列都可接受空值,则将该值设置为空;"设置默认值"表示:如果表的所有外键列均已定义默认值,则将该值设置为列定义的默认值。

其他约束的作用,请读者自行测试。对于设置不满意的约束,可以参考设置过程,进行修改或者删除操作。

6. 数据库关系图

数据库关系图是一种可视化工具,可以直观地显示和管理(创建、修改、删除)数据库中的部分或全部表之间的关系。

展开对象资源管理器的 studentscore 数据库节点,找到数据库关系图,在其右键菜单中选择"新建数据库关系图"命令,在打开新建数据库关系图的窗口的同时,弹出"添加表"对话框,如图 4-10 所示。添加 t_score 表和 t_student 表,如果这两个表之间还没有建立主外键关系,用鼠标左键拖住 t_score 表的 sno 列至 t_student 表,松开左键,会弹出如图 4-7 所示的对话框,按照前面的操作确定主外键关系。同样,可以建立 t_course 和 t_score 的主外键关系，完成后如图 4-11 所示。

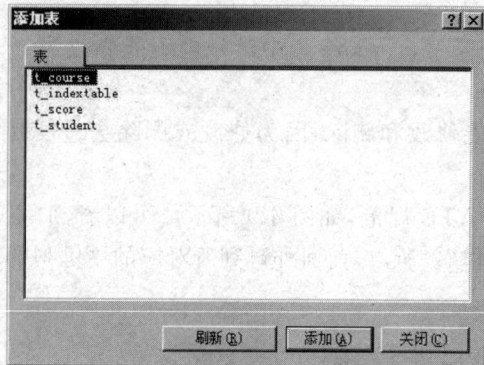

图 4-10　添加表

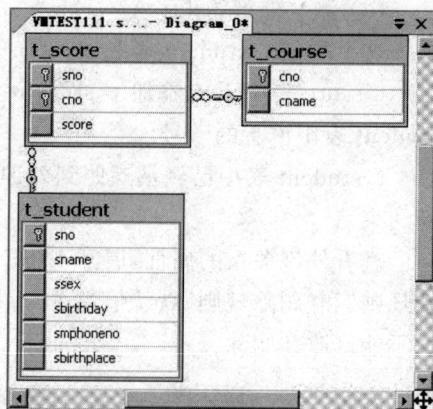

图 4-11　数据库关系图

从图 4-11 可以看出，主外键关系中，钥匙一方是主键表，无穷大符号的另一方是外键表。选中某一个关系，在右侧的属性窗口可以看到类似于图 4-6 所示的表和列规范等的属性，在属性中可以编辑已有的关系，也可以删除已有的关系。

如果数据库中有多个表，表之间也存在多种关系，通过数据库关系图可以直观地显示和管理表之间的关系。

读者也可以联想到设计数据库时的 E-R 图，数据库关系图可以看作 E-R 图的一种部分或者全部的内在体现。

任务 4-2　使用 T-SQL 创建和管理约束

提出任务

在数据库 studentscore 中，使用 T-SQL 创建约束，具体任务和任务 4-1 相同。

实施任务

1. 设置主键（3 种方法）

（1）修改学生表 t_student，sno 列上设置主键

```
USE studentscore
ALTER TABLE t_student
ADD CONSTRAINT pk_stud PRIMARY KEY (sno)          --添加主键约束
```

（2）创建表时同时添加主键，可以指定多个列组合为主键

```
USE studentscore
CREATE TABLE t_student
(
    sno char(10),
    sname nchar(10) NULL,
    ssex char(2) NULL,
    sbirthday smalldatetime NULL,
    CONSTRAINT pk_stud PRIMARY KEY (sno)           --主键有名称
)
```

（3）创建表时直接指定主键列，但不能指定多个列组合为主键

```
USE studentscore
CREATE TABLE t_student
(
    sno char(10) PRIMARY KEY,                    --主键没有名称,由系统指定
    sname nchar(10) NULL,
    ssex char(2) NULL,
    sbirthday smalldatetime NULL,
)
```

创建约束都可以使用上述 3 种方法，为了简便，仅使用 ALTER TABLE 的方法创建其他约束。

2. 设置默认值

学生表 t_student 表 ssex 列上默认值为"男"。

```
USE studentscore
ALTER TABLE t_student
ADD CONSTRAINT def_sex DEFAULT ('男') for ssex
```

3. 设置 Check 约束

学生表 t_student 表 ssex 列上只能取值为"男"或"女"。

```
USE studentscore
ALTER TABLE t_student
ADD CONSTRAINT chk_sex CHECK(ssex='男' or ssex='女')
```

4. 设置唯一约束

学生表 t_student 表 smphoneno 列上设置唯一约束。

```
USE studentscore
ALTER TABLE t_student
ADD CONSTRAINT unq_phoneno UNIQUE(smphoneno)
```

5. 设置外键约束

成绩表的学号参照学生表的学号，成绩表的课程编号参照课程表的课程编号。

```
USE studentscore
ALTER TABLE t_score
ADD CONSTRAINT fk_sno FOREIGN KEY(sno)REFERENCES t_student(sno),
CONSTRAINT fk_cno FOREIGN KEY (cno) REFERENCES t_course(cno)
```

6. 删除约束

如果要删除约束，在 ALTER TABLE 语句中使用 DROP CONSTRAINT 子句。

任务 4-3　创建和管理规则

提出任务

在数据库 studentscore 中，创建和管理规则，具体任务是：要求学生的出生日期在

1985-1-1～2000-12-31 内，创建规则并绑定到出生日期列上。

实施任务

1. 创建规则

```
USE studentscore
GO                      --GO不能省略，因为 CREATE RULE 必须是查询批次中的第一个语句
CREATE RULE rul_birthday as @sbirth>='1985-1-1' AND @sbirth<='2000-12-31'
```

2. 绑定规则

绑定规则需要执行系统存储过程 SP_BINDRULE。

```
USE studentscore
GO                      --t_student.sbirthday 表示表对象的下级对象列
SP_BINDRULE rul_birthday,'t_student.sbirthday'
```

在 studentscore 数据库的下级节点中可以找到"可编程性"节点，展开后，可以看到规则，规则中就有刚才创建的 rul_birthday 规则。选择 rul_birthday 规则右键菜单中的"查看依赖关系"命令，可以看到规则的绑定情况，如图 4-12 所示。图中"依赖于[rule_birthday]的对象"是 t_student，展开 t_student，可以看到 t_score，这是因为两者存在主外键关系。

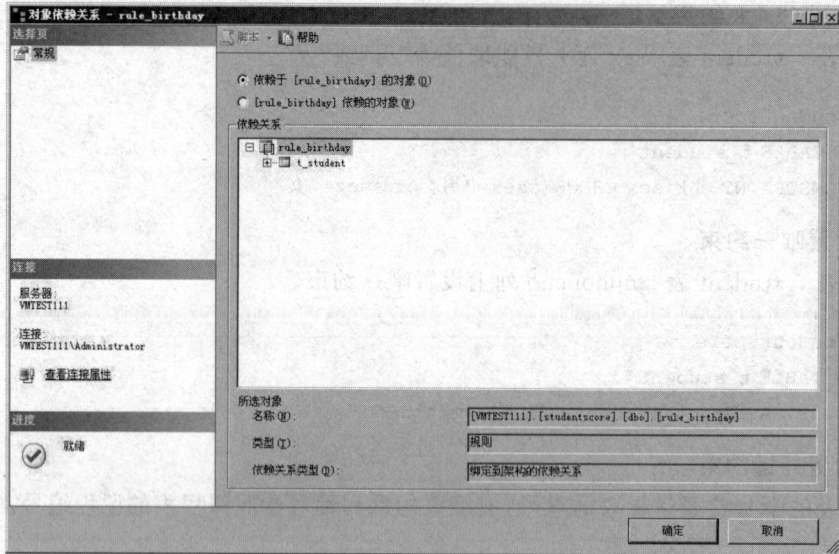

图 4-12   对象依赖关系

规则的右键菜单中也有编写脚本和删除等命令，可以完成相应操作。

3. 解除绑定规则并删除

绑定规则，需要执行系统存储过程 SP_UNBINDRULE。

```
USE studentscore        --解除 t_student.sbirthday 对象上绑定的规则
EXEC SP_UNBINDRULE 't_student.sbirthday'
```

解除绑定后，查看"依赖于[rule_birthday]的对象"，就没有 t_student 了。解除所有绑定后的规则才可以删除，语句是：DROP RULE rul_birthday。

任务 4-4　创建和管理默认值

提出任务

在数据库 studentscore 中创建和管理默认值。具体任务是：要求学生的生源地默认值为"嵩山少林寺"，创建默认值并绑定到生源地列上。如果学生表中没有生源地列，需要先添加此列。

实施任务

1. 创建默认值

```
USE studentscore
GO
CREATE DEFAULT def_sbirthplace AS '嵩山少林寺'
```

2. 绑定默认值

将前面创建的默认值 def_sbirthplace 绑定到学生表的生源地列上。

```
USE studentscore
GO
SP_BINDEFAULT def_sbirthplace,'t_student.sbirthplace'
```

和前面的规则一样，创建的默认值在对象资源管理器中也可以看到，绑定到生源地列以后，在其依赖关系上也可以看到类似于图 4-12 的内容。

默认值的右键菜单中也有编写脚本和删除等命令，可以完成相应操作。

绑定默认值后，打开 t_student 表的设计窗口，sbirthplace 的列属性"默认值或绑定"可以看到绑定的默认值 dbo. def_sbirthplace，如图 4-13 所示。如果有多个默认值可以在此选择。

3. 解除绑定默认值并删除

解除绑定默认值的语句是：SP_UNBINDEFAULT 't_student. sbirthplace'，和规则一样，解除所有绑定后才可以删除，语句是：DROP DEFAULT def_sbirthplace。

图 4-13　绑定默认值后的列属性

最后要说明的是，规则和默认值都可以绑定到用户定义数据类型上，感兴趣的读者请查阅相关资料。

4.3　拓　展　训　练

延续前面的拓展训练，分别使用 SQL Server Management Studio 和 T-SQL 完成下面的训练内容。

（1）在教师授课数据库中实现数据完整性，数据完整性的具体要求如下。

① 教师表的工号、课程表的课程编号、授课表的学号和课程编号（组合在一起）分别设置为主键。

② 教师的性别默认值为"男"，只能输入"男"或"女"。

③ 授课表的课程性质只能选择考试课还是考查课。

④ 授课表中的工号必须来自于教师表的工号，授课表中课程编号必须来自于课程表的课程编号，不能无中生有。

（2）在图书借还书数据库中实现数据完整性，数据完整性的具体要求如下：

① 读者表的读者编号、图书表的图书编号、借还书表的读者和图书编号（组合在一起）分别设置为主键。

② 读者的性别只能输入"男"或"女"。

③ 图书表的标准书号唯一。

④ 借还书表的还书时间要大于借书时间。

⑤ 借还书表中的读者编号必须来自于读者表的读者编号，借还书表中图书编号必须来自于图书表的图书编号，不能无中生有。

项目5 查询数据

创建好表和约束就可以放入数据了,使用数据库不只是为了放数据,更是为了用数据。用数据就要把数据从数据库中提取出来,查询就是从数据库中提取数据的技术。SQL Server 中主要使用 SELECT 语句的强大功能来实现数据查询。

项目目标
- 了解 SQL Server 常用的运算符和函数;
- 掌握简单查询和其他类型的复杂查询。

5.1 知 识 准 备

知识 5-1 运算符

查询语句中使用运算符比较常见,SQL Server 中运算符主要包括算术运算符、比较运算符和逻辑运算符。下面介绍常用的运算符,如表 5-1 所示,如果读者需要使用未介绍的运算符,请查阅相关资料。

表 5-1 常用运算符

运算符类型	说 明	运 算 结 果
算术运算符	+、-、*、/、%(求余运算)	数字
比较运算符	=、>、<、>=、<=、<>(不等于)、! =(不等于)、! <(不小于)、! >(不大于)	布尔类型,即 TRUE(真)和 FALSE(假)
逻辑运算符	AND(与)、OR(或)、NOT(非)	同上

算术运算符中的"+"对于 2 个数字是加法,对于 2 个字符串是连接运算,如:'a'+'b'='ab'.

算术运算符不仅在 SELECT 查询数据时使用,也可以直接使用,例如,SELECT 100+200,0.6*5 的执行结果是 300 和 3.

如果在一个表达式中使用多个运算符,就要考虑运算符之间的顺序,这就是运算符的优先级。表 5-1 列出来的常用运算符的优先级如下:

*、/、%→+、-→=、>、<、>=、<=、<>、!=、!<、!>→NOT→AND、OR

优先级按"→"方向逐步降低。

知识 5-2   函数

函数是 T-SQL 语言提供的用以完成某种特定功能的程序，一般分为系统内置函数和用户定义函数。下面只介绍常用的系统内置函数，需要使用未介绍的函数或者用户定义函数，请查阅相关资料。

常用的系统内置函数主要包括聚合函数、数学函数、字符串函数、日期时间函数和转换函数。

1. 聚合函数

聚合函数有一定的统计功能，常用的聚合函数如表 5-2 所示。

表 5-2   常用的聚合函数

函 数	功　　能	所用列的类型
SUM	求和	仅用于数值类型
AVG	求平均值	仅用于数值类型
MAX	求最大值	可用于数值类型、字符类型以及日期时间类型
MIN	求最小值	
COUNT	求个数，COUNT(*)求所选的行数	用于数值类型和字符类型

2. 数学函数

数学函数用于对数值进行数学运算，数值类型有整型、精确数值型、近似数值型和货币类型。常用的数学函数如表 5-3 所示。

表 5-3   常用的数学函数

函 数	功　　能	举　　例
ABS	求绝对值	ABS(−2)，值为 2
CEILING	求大于或等于参数的最小整数	CEILING(3.5)，值为 4
FLOOR	求小于或等于参数的最小整数	FLOOR(4.7)，值为 4
ROUND	求参数的四舍五入	ROUND(5.512,1)，值为 5.5

3. 字符串函数

字符串函数用于操作字符串，常用的字符串函数如表 5-4 所示。

表 5-4   常用的字符串函数

函 数	功　　能	举　　例
ASCII	求字符的 ASCII 码值	ASCII('a')，值为 97
CHAR	求 ASCII 码所对应的字符	CHAR(66)，值为'B'
LEFT	求从字符串左边起指定个数的字符	LEFT('abcd',2)，值为'ab'
RIGHT	求从字符串左边起指定个数的字符	RIGHT('abcd',2)，值为'cd'
SUBSTRING	求原字符串中的部分字符串	SUBSTRING('abcd',2,2)，值为'bc'

4. 日期时间函数

常用的日期时间函数如表 5-5 所示。

表 5-5　常用的日期时间函数

函　数	功　　能	举　　例
GETDATE	求系统日期	GETDATE(),值为当前系统日期
DAY	求日期中的天数	DAY('2016-1-31'),值为 31
MONTH	求日期中的月数	MONTH('2016-1-31'),值为 1
YEAR	求日期中的年数	YEAR('2016-1-31'),值为 2016
DATEDIFF	求两个日期之间的差	DATEDIFF(day,'2016-1-31','2016-2-8'),值为 8

5. 转换函数

常用的转换函数如表 5-6 所示。

表 5-6　常用的转换函数

函数	功　　能	举　　例
CAST	不同数据类型之间的转换	CAST('2016-1-31' as char(10)),值为'2016-1-31'
CONVERT		CONVERT(char(10), '2016-1-31'),值为'2016-1-31'

5.2　任　务　划　分

任务 5-1　简单查询

提出任务

简单查询是指在一张表里查询,在任务 3-3 中使用 SELECT 语句查看学生表的数据。SELECT 的强大搜索功能将从不同方面逐步体现。

实施任务

1. 使用 WHERE 子句筛选行

任务 3-3 使用了 SELECT 语句,一般是从表中取数据,必须有 FROM 子句。但任务 3-3 只是选择想要的列,还没有限制行。WHERE 子句可以在行上按条件筛选,例如,查询学生表中女同学的信息。

```
USE studentscore
SELECT * FROM t_student WHERE ssex='女'
```

如果有多个条件,条件表达式之间根据具体的查询要求用逻辑运算符连接。

2. 使用别名

查询结果中列的名称可以改成用户希望看到的名称(别名)。

```
SELECT sname AS '姓名',sbirthday AS '出生日期' FROM t_student
```

别名之前的 AS 可以省略,只用空格隔开,也可以是如下格式:

```
SELECT '姓名'=sname, '出生日期'=sbirthday FROM t_student
```

3. 使用 TOP 限制查询的行数

TOP 关键字可以只查询符合条件的前几行。任务 3-1 中查看表中的数据,选择右键菜单的"选择前 1000 行"命令就会产生查询语句以及执行结果。这样，用户可以根据自己的需要重新改写查询语句，查询自己想要的结果。

比如，学生表中前 2 个学生的姓名和出生日期。

```
USE studentscore
SELECT TOP 2 sname,sbirthday FROM t_student
```

也可以加上 PERCENT，表示百分比，如前 10％的学生的姓名和出生日期，语句是：

```
SELECT TOP 10 PERCENT sname,sbirthday FROM t_student
```

4. 使用 DISTINCT 去掉重复数据

如果查询学生表中生源地，可能会出现重复数据，使用 DISTINCT 可以去掉重复数据。

```
USE studentscore
SELECT DISTINCT sbirthplace FROM t_student
```

5. 使用 ORDER BY 对查询结果排序

ORDER BY 对查询结果进行排序，排序所依据的列后面加 ASC 表示升序（省略后，默认为升序），DESC 表示降序。学生表中的数据按出生日期升序排列。

```
USE studentscore
SELECT * FROM t_student ORDER BY sbirthday
```

6. 筛选含有 NULL 值的列

查询生源地是 NULL 值的学生信息。

```
USE studentscore                    --查询生源地非空的条件是：sbirthplace IS NOT NULL
SELECT * FROM t_student WHERE sbirthplace IS NULL
```

7. 使用 LIKE 模糊查询

查询姓"王"的同学的信息。

```
USE studentscore
SELECT * FROM t_student WHERE sname LIKE '王％'
```

％是通配符，与 LIKE 配合使用的通配符如表 5-7 所示。

表 5-7　与 LIKE 配合使用的通配符

通配符	说　　明
％	表示 0 个或多个任意字符
_	表示 1 个任意字符
[]	表示指定范围（如[a～h]、[0～4]）或者集合（如[aeiou]）中的任意单个字符
[^]	表示不属于指定范围（如[^a～h]、[^0～4]）或者集合（如[^aeiou]）中的任意单个字符

8. 使用 BETWEEN 或 IN 限制范围

（1）BETWEEN

查询 1988 年出生的学生姓名。

```
USE studentscore
```

```
SELECT sname FROM t_student WHERE sbirthday BETWEEN '1988-1-1' AND '1988-12-31'
```

（2）IN

查询生源地是"云南大理段氏"或"姑苏曼陀山庄"的学生姓名。

```
USE studentscore
SELECT sname FROM t_student WHERE sbirthplace IN('云南大理段氏','姑苏曼陀山庄')
```

上面的 WHERE 子句等价于：

```
sbirthplace='云南大理段氏' OR sbirthplace='姑苏曼陀山庄'
```

任务 5-2　使用聚合函数和其他函数查询

提出任务

知识 5-2 介绍了系统内置函数，其中聚合函数在查询中应用比较多。

实施任务

（1）查询学生表中的总人数。

```
USE studentscore
SELECT COUNT(sno) '总人数' FROM t_student
```

（2）查询学生表中最晚的出生日期。

```
USE studentscore            --最早的出生日期用 MIN 函数
SELECT MAX(sbirthday) '最晚出生日期' FROM t_student
```

（3）查询成绩表中，学号是 s15001 的成绩总和。

```
USE studentscore
SELECT SUM(score) '成绩总和' FROM t_score WHERE sno='s15001'
```

（4）查询成绩表中，课程编号是 c002 的平均成绩。

```
USE studentscore
SELECT AVG(score) '平均成绩' FROM t_score WHERE cno='c002'
```

（5）查询学生表中的姓名和年龄。

```
USE studentscore
SELECT sname,DATEDIFF(year,sbirthday,GETDATE()) '年龄' FROM t_student 年龄需要使用
DATEDIFF 计算从出生日期到系统日期相差的年数
```

任务 5-3　分组和汇总

提出任务

聚合函数的统计功能有限，和分组、汇总一起使用有更强的统计功能。使用 GROUP BY 子句可以实现分组，分组之后，可以使用 HAVING 子句在分的组上进行筛选，也可以没有 HAVING 子句。

分析任务

使用 COMPUTE 子句产生汇总行，附加在查询结果的后面，行标题由系统自定。

COMPUTE 所指定的列必须是 SELECT 后已有的。如果 COMPUTE 子句后面还有 BY 子句，则必须和 ORDER BY 一起使用，BY 子句指定的列必须和 ORDER BY 指定的列相同，或者是其子集，顺序也必须一致。

实施任务

（1）查询学生表中男女生的人数。

```
USE studentscore
SELECT ssex '性别',COUNT(*) '人数' FROM t_student GROUP BY ssex
```

（2）查询成绩表中选修了一门以上课程的学生的学号和选课数量。

```
USE studentscore
SELECT sno '学号',COUNT(cno) '选课数量' FROM t_score GROUP BY sno HAVING COUNT(*)>1
```

去掉 HAVING 子句就是成绩表中每个学号（所对应的学生）选修的课程数量，读者同样可以查询成绩表中每门课程（课程编号）的选修人数，以及选修人数在 1 个以上的课程编号和选修人数。

（3）查询学生表中的学号、姓名并汇总人数，结果如图 5-1 所示。

```
USE studentscore
SELECT sno,sname FROM t_student COMPUTE COUNT(sno)
```

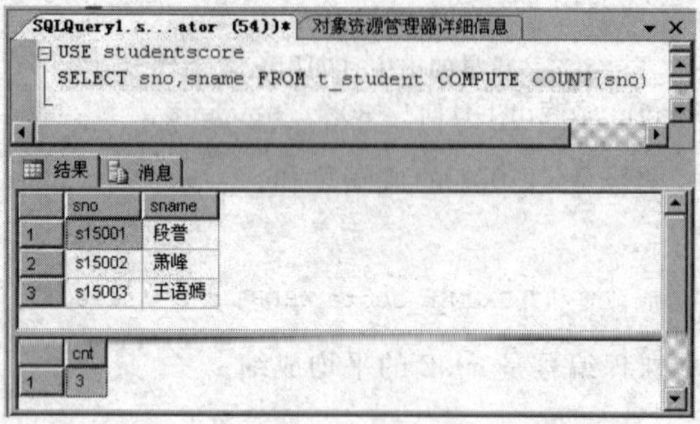

图 5-1　使用 COMPUTE 汇总

（4）查询学生表中不同性别的学号、姓名并汇总人数，结果如图 5-2 所示。

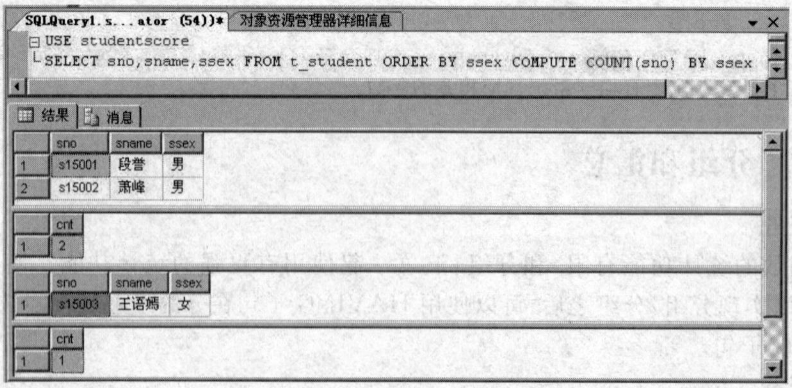

图 5-2　使用 COMPUTE BY 汇总

```
USE studentscore
SELECT sno,sname,ssex FROM t_student ORDER BY ssex COMPUTE COUNT(sno) BY ssex
```

任务 5-4　多表连接查询

提出任务

为了存储数据的方便而设计了多张表,查询数据时,则需要从多张表中提取数据。比如,要查询某个学生某一门课的成绩,就要用到学生表、课程表和成绩表。

分析任务

多表连接一般有 3 种类型:内连接(INNER JOIN)、外连接(OUTER JOIN)和交叉连接(CROSS JOIN),还有一种是表与自身连接——自连接。多表连接类型如表 5-8 所示。外连接又包括:左外连接(LEFT OUTER JOIN 或 LEFT JOIN)、右外连接(RIGHT OUTER JOIN 或 RIGHT JOIN)和完全外连接(FULL OUTER JOIN 或 FULL JOIN)。

表 5-8　多表连接类型

连接类型	说　　明
内连接	查询结果是两个表中满足连接条件的数据
外连接	左外连接:查询结果除了满足连接条件的数据,还有左表中余下的数据
	右外连接:查询结果除了满足连接条件的数据,还有右表中余下的数据
	完全外连接:查询结果除了满足连接条件的数据,还有左表、右表中余下的数据
交叉连接	查询结果是两个表的所有行交叉匹配,没有连接条件,一般没有查询意义
自连接	一张表与自身按条件连接,例如,查询学生表姓名相同的学生信息

内连接和外连接示意图及语句格式如图 5-3 所示。

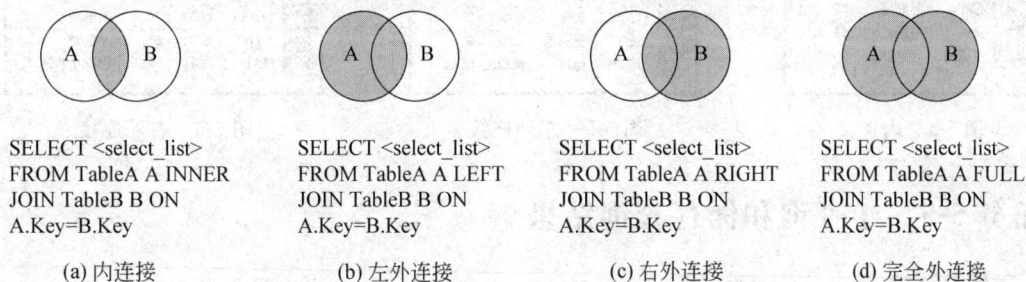

```
SELECT <select_list>      SELECT <select_list>      SELECT <select_list>      SELECT <select_list>
FROM TableA A INNER       FROM TableA A LEFT        FROM TableA A RIGHT       FROM TableA A FULL
JOIN TableB B ON          JOIN TableB B ON          JOIN TableB B ON          JOIN TableB B ON
A.Key=B.Key               A.Key=B.Key               A.Key=B.Key               A.Key=B.Key
```

　　(a) 内连接　　　　　　(b) 左外连接　　　　　　(c) 右外连接　　　　　　(d) 完全外连接

图 5-3　内连接和外连接示意图及语句格式

注意:图 5-3 的语句格式中 TableA、TableB 分别使用了别名 A、B,在后面的条件子句中不能再使用原来表的名称。

实施任务

1. 内连接

查询所有选课学生的姓名、选修的课程名称和成绩。

```
USE studentscore
SELECT sname,cname,score FROM t_course INNER JOIN t_score ON t_course.cno =t_score.
```

cno INNER JOIN t_student ON t_score.sno = t_student.sno

姓名、课程名称和成绩分别在 3 个表中。成绩表中既有学号又有课程编号，应放在中间，查询结果如图 5-4 所示。如果查询某个学生的选修课程名称和成绩，应加上 WHERE 子句。

2. 左外连接

查询所有学生（包括未选课的）学号、姓名、选修的课程编号和成绩。

```
USE studentscore
SELECT t_student.sno, sname, cno, score FROM t_student LEFT JOIN t_score ON t_student.sno=t_score.sno
```

学号列在学生表、成绩表中都有，前面必须用表的名称限定，否则会出现二义性错误。查询结果如图 5-5 所示，学生"虚竹"没有选修任何课程，所以他所对应的课程编号和成绩为 NULL。

3. 右外连接

查询所有课程（包括未被选修的）的课程编号、课程名称、选修的学号和成绩。

```
USE studentscore
SELECT sno, t_score.cno, score, cname FROM t_score RIGHT JOIN t_course ON t_score.cno=t_course.cno
```

查询结果如图 5-6 所示，课程"降龙十八掌"没有被选修，所以它所对应的学号、课程编号（被限定为成绩表的列）和成绩为 NULL。

	sname	cname	score
1	段誉	六脉神剑	60
2	段誉	易筋经	70
3	萧峰	易筋经	85
4	王语嫣	六脉神剑	90

图 5-4 内连接

	sno	sname	cno	score
1	s15001	段誉	c001	60
2	s15001	段誉	c002	70
3	s15002	萧峰	c002	85
4	s15003	王语嫣	c001	90
5	s15004	虚竹	NULL	NULL

图 5-5 左外连接

	sno	cno	score	cname
1	s15001	c001	60	六脉神剑
2	s15003	c001	90	六脉神剑
3	s15001	c002	70	易筋经
4	s15002	c002	85	易筋经
5	NULL	NULL	NULL	降龙十八掌

图 5-6 右外连接

任务 5-5 子查询和保存查询结果

提出任务

子查询在一个查询语句中嵌套另一个查询，也就是在一个查询语句中可以使用另一个查询的结果。子查询常用的关键字是 IN、EXISTS、ALL、ANY 等。

INTO 子句和 UNION 子句可以保存和处理查询结果。

实施任务

1. IN 子查询

（1）查询选修了 c002 课程的学生的学号、姓名、性别。

```
USE studentscore
SELECT sno, sname, ssex FROM t_student WHERE sno IN (SELECT sno FROM t_score WHERE cno='c002')
```

（2）查询没有选修"易筋经"课程的学生的学号、姓名、性别、生源地。

```
USE studentscore
SELECT sno,sname,ssex,sbirthplace FROM t_student WHERE sno NOT IN (SELECT sno FROM t_
score WHERE cno IN(SELECT cno FROM t_course WHERE cname='易筋经'))
```

2. EXISTS 子查询

查询有不及格课程的学生姓名。

```
USE studentscore
SELECT sname FROM t_student WHERE EXISTS (SELECT sno FROM t_score WHERE t_student.
sno=t_score.sno AND score<60)
```

EXISTS 通常用来检查数据库或数据库对象是否存在，比如，创建 studentscore 数据库之前，先检查是否存在同名的数据库，语句是：

```
IF EXISTS(SELECT * FROM sysdatabases WHERE name='studentscore')
```

sysdatabases 是系统数据库 master 中的表（实际为系统视图），保存 SQL Server 的数据库信息。另外还有 sysobjects，系统对象表，保存当前数据库的对象，如约束、默认值、日志、规则、存储过程等；sysolumns，系统字段（列）表，保存当前数据库的所有字段（列）。

3. ALL 子查询

查询成绩表中大于每门课平均分的学号、课程编号和成绩。

```
SELECT sno,cno,score FROM t_score A WHERE score> ALL(SELECT AVG(score) FROM t_score
B WHERE A.cno=B.cno)
```

ALL 和 ANY 一般用于比较子查询。ALL 比较子查询的所有值，所有值满足比较关系时，结果为 TRUE，否则为 FALSE。

ANY 比较子查询的任何一个值。任何一个值满足比较关系时，结果为 TRUE，否则为 FALSE。

4. INTO 子句

INTO 子句可以将 SELECT 查询的结果保存到一个新表中。

```
USE studentscore
SELECT * INTO t_gaibang_stud FROM t_student WHERE sbirthplace='丐帮'
```

5. UNION 子句

UNION 子句可以将两个或多个 SELECT 查询的结果合并成一个结果。

```
USE studentscore
SELECT * FROM t_student WHERE sbirthplace='丐帮' UNION SELECT * FROM t_student
WHERE sbirthplace='嵩山少林寺'
```

5.3 拓 展 训 练

延续前面的拓展训练，完成下面的训练内容。

（1）参照任务 5-1～任务 5-5，在教师授课数据库中查询数据，具体的查询要求如下。

① 查询教师表中女教师的信息。

② 查询前 3 个教师的姓名和出生日期。

③ 教师表中的数据按出生日期升序排列。

④ 查询姓"王"的教师的信息。

⑤ 查询 1978 年出生的教师姓名。

⑥ 查询教师表中的总人数。

⑦ 查询教师表中最晚的出生日期。

⑧ 查询授课表中，工号是 t00001 的课时数总和。

⑨ 查询授课表中，课程编号是 c002 的平均课时数。

⑩ 查询教师表中男女教师的人数。

⑪ 查询授课表中教授了一门以上课程的教师的工号和授课数量。

⑫ 查询教师表中的工号、姓名并附加汇总人数。

⑬ 查询教师表中不同性别的工号、姓名并附加汇总人数。

⑭ 查询所有授课教师的姓名、教授的课程名称和课时数。

⑮ 查询所有教师（包括未上课外出培训或者下企业锻炼的）工号、姓名、教授的课程编号和课时数。

⑯ 查询所有课程（包括未被本校教师教授，而要请外聘教师授课的）的授课教师工号、课程编号、课程名称和课时数。

⑰ 查询教授了 c002 课程的教师的工号、姓名、性别。

⑱ 查询没有教授"易筋经"课程的教师的工号、姓名、性别。

⑲ 查询教授课程的课时数在 50 以下教师姓名。

⑳ 查询授课表中大于每门课课时数平均值的工号、课程编号和课时数。

（2）参照任务 5-1～任务 5-5，在图书借还书数据库中查询数据，具体的查询要求如下。

① 查询读者表中女读者的信息。

② 查询前 2 个读者的姓名和所属部门。

③ 查询读者表中的数据按所属部门升序排列。

④ 查询所属部门是 NULL 值的读者信息。

⑤ 查询姓"王"的读者的信息。

⑥ 查询所属部门是"经贸管理系"或"教务处"的读者姓名。

⑦ 查询读者表中的总人数。

⑧ 查询图书表中，2008 年出版的图书的价钱总和。

⑨ 查询图书表中，2010 年出版的图书的平均价格。

⑩ 查询借还书表中的读者编号、图书编号和借阅天数。

⑪ 查询读者表中男女读者的人数。

⑫ 查询借还书表中借阅了一本以上图书的读者编号和借书数量。

⑬ 查询读者表中的读者编号、姓名并附加汇总人数。

⑭ 查询读者表中不同性别的读者编号、姓名并附加汇总人数。

⑮ 查询所有借阅图书读者的姓名、借阅的图书名称和借阅天数。

⑯ 查询所有读者(包括未借书的)读者编号、姓名、借阅的图书编号和借阅天数。

⑰ 查询所有图书(包括未被借阅的)的图书编号、图书名称、借阅的读者编号和借阅天数。

⑱ 查询借阅了 b002 图书的读者编号、姓名、性别。

⑲ 查询没有借阅《天龙八部》图书的读者编号、姓名、性别、所属部门。

⑳ 查询借阅超期(借阅天数在 60 天以上)的读者姓名和借阅图书的名称。

项目6　使用视图查询数据

查询是数据库应用最主要的操作。尽管可以多表查询，仍然不够灵活和直观。视图可以将多张表的数据按要求汇总到一张新"表"中，而这个新"表"无须创建和存储。通过有些视图也可以修改、删除以及插入原表中的数据。

项目目标
- 理解视图的概念和作用；
- 掌握视图的创建和管理。

6.1　知识准备

知识6-1　什么是视图

1. 视图的概念

随着数据库中数据的增多，一般情况下，用户在某段时间关注的数据仅仅是其中的一小部分。就像超市里的顾客只关注自己感兴趣的商品，而对其他商品视而不见，更不可能关注超市的所有商品。顾客感兴趣的商品就是进入顾客眼中的商品，就是视图。

视图作为一种数据库对象，可以将用户感兴趣的数据临时、逻辑地组织在一个虚拟表中。如图 6-1 所示，左上的学生表和左下的成绩表都是真实存在，如果用户想知道段誉和王语嫣的成绩，那么从学生表中取出这两个人的学号、姓名，再从成绩表中取出这两个人学号对应的课程编号和成绩，组成右下的表格。这个表不是真实存在的表，它是视图。视图的数据也可以来源于已有的视图。

2. 视图的作用

（1）满足不同用户的需求

不同用户对数据的需求不同，视图可以把不同用户感兴趣的数据放在不同的视图中，用户可以把视图作为表来操作。

（2）简化数据操作

用户并不关心数据库是如何设计的，表的结构又是什么，用户只想方便快捷地操作对自己有用的数据，视图就可以将这些呈现给用户，简化了数据的操作。

（3）提高数据访问的安全性

如果用户直接操作表中的数据，就会暴露表的名称和列名，带来安全隐患。同时，对视图的访问权限进行管理，也可以提高数据访问的安全性。

学号	姓名	性别	出生日期
s15001	段誉	男	1998-5-9
s15002	萧峰	男	1996-3-3
s15003	王语嫣	女	2000-5-6

学号	课程编号	成绩
s15001	c001	60
s15002	c001	70
s15002	c002	80
s15003	c002	90

学号	姓名	课程编号	成绩
s15001	段誉	c001	60
s15003	王语嫣	c002	90

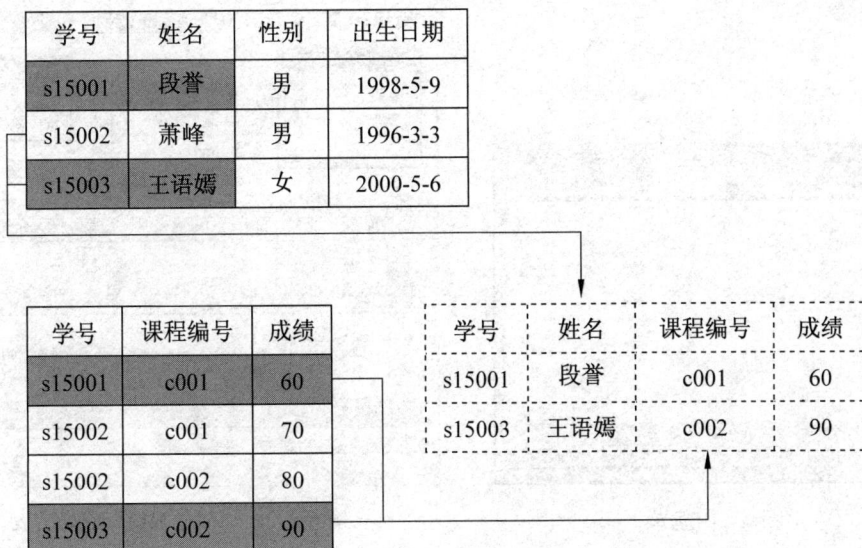

图 6-1　视图示意图

6.2　任务划分

任务 6-1　使用 SQL Server Management Studio 创建和管理视图

提出任务

创建视图完成任务 5-4 中的查询所有选课学生的姓名、选修的课程名称和成绩。然后增加筛选条件，修改视图，最后进行其他视图管理工作。

实施任务

1. 创建视图

在 SQL Server Management Studio 的对象资源管理器中展开学生成绩数据库 studentscore，可以看到视图是和表并列的数据库对象。在视图的右键菜单中选择"新建视图"命令，会打开"新建视图"窗口，同时打开"添加表"对话框，如图 6-2 所示。

要查询的姓名、课程名称和成绩分别来自于学生表 t_student、成绩表 t_score 和课程表 t_course，所以要将 3 张表都添加，如图 6-3 所示。

添加后的 3 张表因为在项目 4 中已经建立主外键的关系，所以表之间自动建立内连接。在视图窗口的第 3 栏语句区可以看到内连接的语句，和任务 5-4 的内连接语句含义相同。

如果添加的表之间事先没有主外键关系，就会自动转变成交叉连接，这使得查询失去意义。所以，没有主外键关系的多个表放在一起查询时，应该按照查询要求设法建立内连接或者外连接，避免交叉连接，除非有特别的要求。

在 3 张表中分别选择要查询列：姓名 sname、课程名称 cname 和成绩 score。在视图窗口第 2 栏中可以看到已经选择的列，可以在此添加别名、选择排序类型，排序顺序和输入筛选条件等，如图 6-4 所示。

59

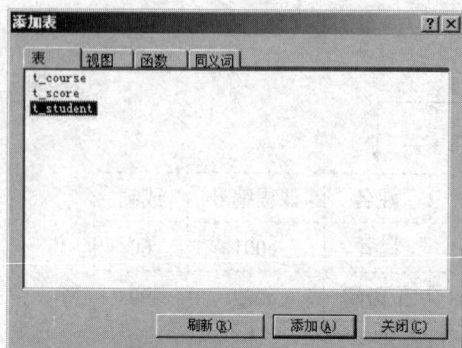

图 6-2　添加表

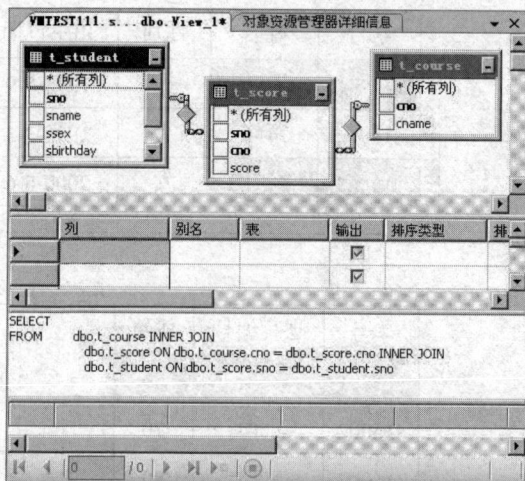

图 6-3　添加创建视图所需要的表

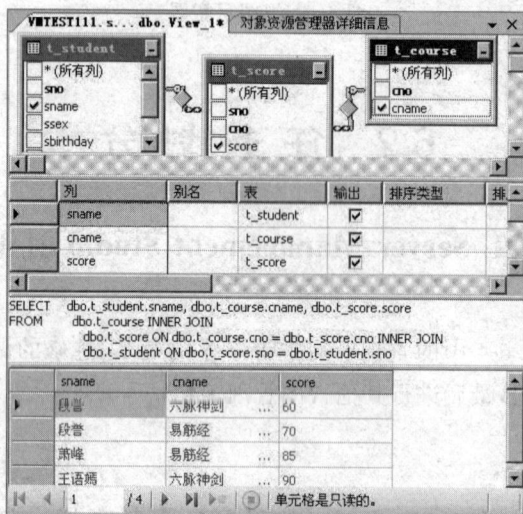

图 6-4　选择列后执行 SQL

单击视图设计器工具栏中的"执行 SQL"按钮，运行视图，在视图窗口的最下面一栏中看到运行结果，就是视图的内容，也是任务要求的查询结果。对比图 6-4 的查询结果是完全相同的。

视图创建完成后，单击工具栏中的保存按钮，输入自己想要的名称，保存视图。

2. 修改视图

如果对创建好的视图不满意，可以在要修改的视图图标上右击，选择右键菜单中的"设计"命令，重新打开视图的设计窗口。

修改刚才所创建的视图，要求查询成绩优秀（大于等于 90 分）的学生姓名、课程名称和成绩。

在视图设计窗口的第 2 栏，score 列的筛选器栏里输入条件＞＝90，这时在设计窗口的第 1 栏 t_score 表的 score 列后面出现漏斗的形状，表示过滤，在这个列上增加了筛选条件。

运行视图,可以看到查询结果,如图 6-5 所示。

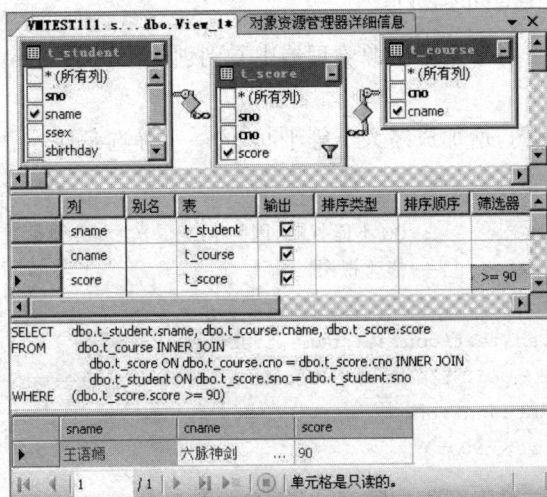

图 6-5　添加筛选条件修改视图

3. 其他视图管理

在视图的右键菜单中,可以看到几乎和表相同的命令,说明视图可以被当作表使用,可以用和表一样的方法来操作。比如,选择"编辑前 200 行"命令,可以和修改表的数据一样修改视图的数据。

编辑刚才修改过的视图,将"王语嫣"的"六脉神剑"课程的成绩改为 77,确认后,单击"执行 SQL"按钮,会看到视图编辑窗口已经没有数据,因为 77 不符合>=90 的筛选条件。查看成绩表,原来的 90 已经改为 77。

如果要删除视图,可以选择右键菜单中的"删除"命令完成删除。

总结任务

在任务 6-1 中,通过视图进行多表查询,不但直观、容易理解,而且可以自动产生查询语句,非常方便。读者可以尝试使用视图完成项目 5 的查询。其实,有些查询使用视图确实比较直观方便,但不是所有查询都适合使用视图完成。同时,有些视图是不能更新数据的,如使用了集合函数或者分组子句的视图等,敬请读者注意。

任务 6-2　使用 T-SQL 创建和管理视图

提出任务

使用 T-SQL 创建和管理视图,完成和任务 6-1 相同的工作。

实施任务

1. 创建视图

```
USE studentscore
GO                     --GO 不能省略,因为 CREATE VIEW 必须是查询批次中的第一个语句
CREATE VIEW v_myview1  --创建视图
AS
SELECT t_student.sname,t_course.cname,t_score.score
```

61

```
FROM t_course INNER JOIN t_score ON t_course.cno=t_score.cno INNER JOIN t_student
ON t_score.sno=t_student.sno
```

语句成功执行后，可以在对象资源管理器中看到创建的视图 v_myview1。

2. 修改视图

修改刚才创建的视图，增加成绩大于等于 90 的一个筛选条件。

```
USE studentscore
GO                          --GO 不能省略，因为 ALTER VIEW 必须是查询批次中的第一个语句
ALTER VIEW v_myview1        --修改视图
AS
SELECT t_student.sname,t_course.cname,t_score.score
FROM t_course INNER JOIN t_score ON t_course.cno=t_score.cno INNER JOIN t_student
ON t_score.sno=t_student.sno
WHERE t_score.score>=90
```

语句成功执行后，查看视图中的数据，对比修改前后的区别。

3. 其他视图管理

（1）将修改后视图中的王语嫣的"六脉神剑"课程的成绩改为 77。

```
USE studentscore
UPDATE v_myview1
SET score=77
WHERE sname='王语嫣' AND cname='六脉神剑'
SELECT * FROM v_myview1  --修改数据后查询结果
```

执行结果显示视图已经是空的。

（2）删除视图。

```
U3E studentscore
DROP VIEW v_myview1         --删除视图
```

语句成功执行后，刷新对象资源管理器，可以看到视图 v_myview1 已经没有。

6.3 拓 展 训 练

分别使用 SQL Server Management Studio 和 T-SQL 完成以下训练内容。

（1）在教师授课数据库中，请尝试使用视图完成 5.3 拓展训练（1）中的查询。

（2）在图书借还书数据库中，请尝试使用视图完成 5.3 拓展训练（2）中的查询。

项目 7　使用索引快速检索数据

随着数据库中数据的增多和查询次数的增加,查询速度会有一定程度的降低。索引是提高检索速度的一项技术。

项目目标

- 理解索引的概念和分类;
- 掌握索引的创建和管理。

7.1　知　识　准　备

知识 7-1　什么是索引

1. 索引的概念

通常把索引比作书的目录,通过目录,不必翻阅整本书就可以找到想要的内容。在数据库中使用索引检索数据,同样不必扫描整个表。目录是内容和相应页码的清单,索引是数据和相应存储位置的列表。

索引既然是表中数据的"目录",也就是依附于表的,是表的下一级对象。索引一旦创建,就成为表的一个组成部分,当表中的数据发生变化时,数据库系统会自动维护索引。

2. 创建索引的原则

索引可以创建在不同的列或者列的组合上,同时又需要动态维护,所以不能越多越好。科学地设计索引,才能提高检索的效率,创建索引应该遵循以下原则。

(1) 在经常检索的列上创建索引(如经常在 WHERE 子句中出现的列)。

(2) 在表的主键、外键上创建索引。

(3) 在经常需要根据范围搜索或者经常需要排序的列上创建索引。

(4) 当数据变动非常频繁,应少建或者不建索引。

(5) 数据行少的表没有必要创建索引。

3. 索引的分类

索引主要分为聚集索引和非聚集索引,是依据存储结构来划分的,还有其他的常用类型:唯一索引和复合索引,如表 7-1 所示。复合索引可能是聚集的,也可能是非聚集的,可能是唯一的,也可能是不唯一的,只是分类的依据不同而已。

表 7-1　索引的分类

分类依据	索引类型	说　明
存储结构	聚集索引	表中行的物理顺序和与索引顺序相同，只能有 1 个聚集索引
	非聚集索引	索引顺序与行的物理顺序无关，通过指针指向数据行
是否有重复值	唯一索引	索引列上不包含重复的值
	非唯一索引	索引列上包含重复的值
索引列的数量	单列索引	在单个的列上创建的索引
	复合索引	在两个或者两个以上的列上创建的索引

图 7-1 和图 7-2 是聚集索引和非聚集索引示意图，左边表示索引值，右边是表。如果在第 1 列学号上创建聚集索引，那么聚集索引的顺序和数据行的顺序完全一致，如图 7-1 所示。如果在第 2 列姓名上创建非聚集索引，那么索引顺序是一个拼音顺序，通过拼音顺序找到想要的姓名后，再通过指针找到对应的数据行，如图 7-2 所示。

图 7-1　聚集索引示意图

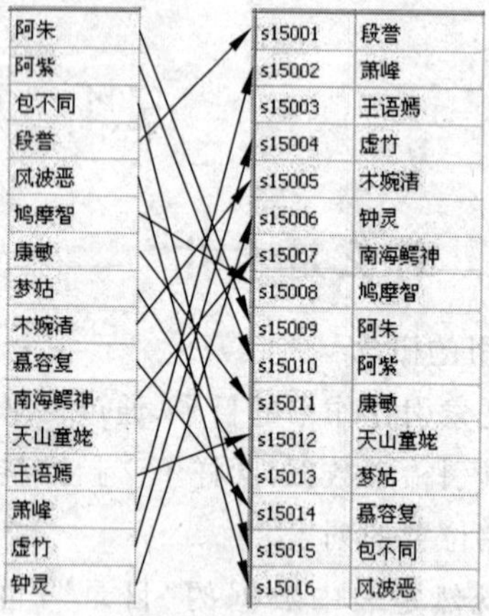

图 7-2　非聚集索引示意图

实际上，在项目 4 中给表创建了主键之后，主键所在的列会自动成为聚集索引；创建了唯一约束的列会自动成为唯一索引。

7.2　任务划分

任务 7-1　使用 SQL Server Management Studio 创建和管理索引

提出任务

在学生表的姓名列上创建非唯一索引；然后将索引修改为生源地和姓名列上的复合索引，按生源地的升序排列，如果生源地相同，按姓名升序排列。创建完成后进行其他管理工作。

实施任务

1. 创建索引

在 SQL Server Management Studio 的对象资源管理器中展开学生成绩数据库

studentscore 中的学生表 t_student,在索引节点的右键菜单中选择"新建索引"命令,打开
"新建索引"窗口,如图 7-3 所示。单击"添加"按钮,弹出选择列窗口,选择 sname,确定后,
默认是升序,输入索引名称,再次确定后,完成索引创建。

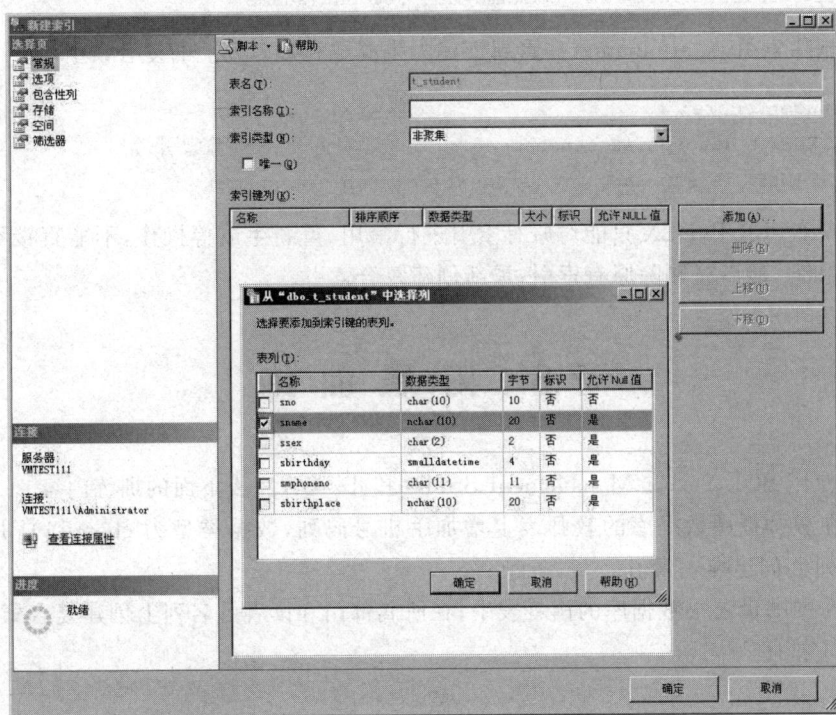

图 7-3　新建索引

2. 其他索引管理

双击刚才创建的索引图标,打开索引属性窗口(和新建索引窗口几乎相同),修改索引。
单击"添加"按钮添加 sbirthplace 列,确定后,把 sbirthplace、"上移"到上面一行,作为第 1 排
序。确定后,修改完成。

这里需注意,聚集索引不能修改,只能删除;已有聚集索引的情况下,非聚集索引不能修
改为聚集索引,因为聚集索引只能有一个。

选择索引右键菜单的"删除"命令可以删除索引。

任务 7-2　使用 T-SQL 创建和管理索引

提出任务

使用 T-SQL 创建和管理索引,具体任务和任务 7-1 相同。

实施任务

(1) 创建姓名列上非唯一索引。

```
USE studentscore
CREATE INDEX ix_studname on t_student(sname)        --创建索引
```

如果姓名列满足创建唯一索引的条件,创建唯一索引的语句是:

```
CREATE UNIQUE INDEX ix_studname on t_student(sname)
```

如果姓名列满足创建聚集索引的条件，创建聚集索引的语句是：

```
CREATE CLUSTERED INDEX ix_studname on t_student(sname)
```

（2）删除索引 ix_studname，并重新创建为生源地和姓名列上的复合索引。

```
USE studentscore
DROP INDEX t_student.ix_studname                    --删除索引
CREATE INDEX ix_studname on t_student(sbirthplace,sname)
```

因为 ALTER INDEX 只能对原有索引进行禁用、重新生成等操作，不能直接更改原有索引的表和列，所以先删除原有索引，重新创建复合索引。

7.3 拓 展 训 练

分别使用 SQL Server Management Studio 和 T-SQL 完成下面的训练内容。

（1）在教师授课数据库的教师表上增加手机号码列，数据类型为 char(11)，并输入数据。在此列上创建唯一索引。

（2）在图书借还书数据库的读者表中，在所属部门和读者姓名列上创建复合索引，所属部门为第 1 排序。

项目 8 使用存储过程操作数据

存储过程是 T-SQL 语句编写的子程序,能够使 T-SQL 语句的执行更高效。

项目目标

* 理解存储过程的概念;
* 了解 T-SQL 程序设计基础;
* 掌握存储过程的创建和管理。

8.1 知识准备

知识 8-1 什么是存储过程

1. 存储过程的概念

随着数据查询和更新越来越频繁,执行效率低下成为困扰,特别是在客户端。分析这些查询和更新,会发现有大量的重复操作,比如考试后老师要经常添加学生成绩,学生经常查询自己的考试成绩。

将大量的重复操作归纳为一组 T-SQL 语句,即一段程序,提前编写并保存在数据库服务器中,一旦出现操作请求就可以直接调用程序,既节省了网络流量,更重要的是提高了执行效率,这就是存储过程。

2. 存储过程的优点

(1) 一次编译,多次执行

存储过程第一次调用以后,就不需要再编译了,所以比同样的程序运行速度快。

(2) 增强数据库的安全

只要通过存储过程名称和必要的参数来调用,隐藏了访问数据库的细节,提高了数据库的安全,也利于模块化的程序设计和减少网络流量。

3. 存储过程的分类

(1) 系统存储过程

在任务 2-2 中使用 T-SQL 分离和附加数据库时,就使用过系统存储过程,常用的系统存储过程如表 8-1 所示。左边是本书前面使用过的系统存储过程。

(2) 自定义存储过程

自定义存储过程用于实现用户自己的操作,命名时避免以 sp_ 开头,和系统存储过程区分开。

表 8-1　常用的系统存储过程

名　称	功　能	名　称	功　能
sp_detach_db	分离数据库	sp_databases	列出服务上的所有数据库
sp_attach_db	附加数据库	sp_helpdb	指定数据库或所有数据库的信息
sp_renamedb	重命名数据库	sp_tables	当前环境下可查询的对象的列表
sp_rename	重命名表或列	sp_columns	查看表的列信息
sp_bindrule	绑定规则	sp_help	查看表的所有信息
sp_unbindrule	解除绑定规则	sp_helpconstraint	查看表的约束
sp_bindefault	绑定默认值	sp_helpindex	查看表的索引
sp_unbindefault	解除绑定默认值	sp_stored_procedures	当前环境下所有的存储过程

存储过程按照是否有参数，以及是输入参数还是输出参数，分为无参数的存储过程，带输入参数的存储过程和带输出参数的存储过程。

（3）扩展存储过程

扩展存储过程提供从 SQL Server 到外部程序的接口，其名称一般以 xp_开头，使用方法与系统存储过程相似。

知识 8-2　T-SQL 程序设计基础——标识符、常量、变量和批处理

1. 标识符

服务器、数据库和数据库对象（如表、列、约束、规则、默认值、视图等）的名称就是标识符，命名标识符必须符合以下规则。

（1）首字符必须以 ASCII 字符、Unicode 字符、下划线（_）、@、♯开头。但有某些特殊意义的标识符，请注意以下内容。

① 以@开头的标识符表示局部变量或参数。

② 以一个数字开头的标识符表示临时表或过程。

③ ♯♯开头的标识符表示全局临时对象。

（2）标识符不能是 T-SQL 的保留字。

（3）标识符中不能含有空格或其他特殊字符。

2. 常量

值不变的量称为常量，在 SQL Server 中，表 3-1 中系统数据类型的值都可以作为常量。常量的使用格式取决于其值的数据类型。字符型、日期时间型常量要用英文单引号""括起来，其他类型不需要。

3. 变量

值变化的量就是变量，变量有名称——合法的标识符。名称所代表值的数据类型取决于变量的存储方式和运算方式。SQL Server 中的变量分为局部变量和全局变量。

（1）局部变量

局部变量由用户定义，名称必须以@开头，先用 DECLARE 声明，才能使用。声明时明确其数据类型，声明后的初始值为 NULL。使用 SET 语句或 SELECT 语句给局部变量赋值。

例如,声明一个局部变量并赋值,在 studentscore 数据库中查找生源地是变量值的学生姓名。

```
USE studentscore
DECLARE @ syd NCHAR(10)                    --声明变量
SET @ syd='西夏一品堂'                       --变量赋值
SELECT sname FROM t_student WHERE sbirthplace=@ syd
```

（2）全局变量

全局变量是系统提供的,名称以@@开头,用户不能定义也不能赋值,一般是用来保存 SQL Server 系统运行状态数据,比如,要查看当前数据库的版本信息：SELECT @@VERSION。

4. 批处理

应用程序一次性发送给 SQL Server 服务器执行的 T-SQL 语句组称为批处理,结束标志是 GO。使用批处理时应该注意,有些语句不能在同一个批处理中使用,如表 8-2 所示。同时,在任务 2-2 中也讲过,调用存储过程中如果不是批处理中的第一条语句,不能省略 EXEC。

表 8-2　不能在同一个批处理中使用的语句

CREATE RULE、CREATE DEFAULT、CREATE VIEW、CREATE PROCEDURE、CREATE TRIGGER/其他语句
绑定规则和默认值/使用该规则和默认值
定义 CHECK 约束/使用该 CHECK 约束
删除数据库对象/重建该数据库对象
修改表的列名/引用该新列名

知识 8-3　T-SQL 程序设计基础——流程控制语句

1. BEGIN…END

相当于程序设计语言中的一对括号,将一组 T-SQL 语句括起来成为一个语句组。

2. PRINT

PRINT 语句将用户定义的消息返回客户端,相当于程序设计语言中的打印输出。

3. IF…ELSE

条件判断语句,可以没有 ELSE 子句。

例如,查询段誉的平均成绩,如果大于等于 90,则输出段誉平均成绩并显示"优秀",否则输出段誉平均成绩并显示"不优秀"。

```
USE studentscore
DECLARE @pjcj TINYINT
SELECT @pjcj=AVG(score) FROM t_student INNER JOIN t_score ON t_student.sno=t_
score.sno WHERE sname='段誉'
IF @pjcj >=90
    PRINT '平均成绩'+CONVERT(CHAR(3), @pjcj)+'优秀'
```

```
ELSE
    PRINT '平均成绩'+CONVERT(CHAR(3), @pjcj)+'不优秀'
```

4. CASE

IF…ELSE 是两选一的分支语句，CASE 是多选一的分支语句。

例如，查询段誉的平均成绩，按五级制显示成绩。

90 以上：优秀

80～89：良好

70～79：中等

60～69：及格

60 以下：不及格

```
USE studentscore
DECLARE @pjcj TINYINT
SELECT @pjcj=AVG(score) FROM t_student INNER JOIN t_score ON t_student.sno=t_
score.sno WHERE sname='段誉'
SELECT @pjcj '平均成绩','等第'=CASE
    WHEN @pjcj >=90 THEN '优秀'
    WHEN @pjcj BETWEEN 80 AND 89 THEN '良好'
    WHEN @pjcj BETWEEN 70 AND 79 THEN '中等'
    WHEN @pjcj BETWEEN 60 AND 69 THEN '及格'
    ELSE '不及格'
    END
```

5. WHILE

循环语句满足条件时重复执行循环体语句，直至不满足循环条件而退出循环。循环体内使用 BREAK 语句可以跳出循环，使循环终止，使用 CONTINUE 语句可以结束本次循环，而继续下一次循环。

举例：

（1）计算 1～100 的和。

```
DECLARE @i TINYINT,@sum SMALLINT
SET @i=0
SET @sum=0
WHILE @i<100
BEGIN
    SET @i=@i+1
    SET @sum=@sum+@i
END
PRINT @sum
```

（2）输出 100 以内不能被 3 整除的数的前 20 个。

```
DECLARE @i TINYINT,@j TINYINT
SET @i=0
```

```
SET @j=0
WHILE @i<100
BEGIN
    SET @i=@i+1
    IF (@i%3=0) CONTINUE              --被 3 整除的数不输出
    PRINT @i
    SET @j=@j+1
    IF @j>=20 BREAK                   --输出 20 个数以后跳出循环
END
```

6. RETURN

从查询、存储过程或批处理等语句块中无条件退出,不执行 RETURN 之后的语句。

7. WAITFOR

指定需要等待的时间间隔(不超过 24 小时),或者需要等待到的某一时刻。

例如,10 秒后查询学生姓名。

```
USE studentscore
WAITFOR DELAY '00:00:10'              --等待 10 秒
SELECT sname FROM t_student
```

如果要求在 10:30 时查询,WAITFOR 语句应为: WAITFOR TIME '10:30:00'

8. TRY…CATCH

异常处理语句。TRY 语句块包含可能产生错误的语句 CATCH 语句块包含处理错误的语句。

例如,在学生表插入学号为 s15001 的学生会和已有的学号产生冲突,违反主键约束。捕捉异常并输出错误号和错误信息。

```
USE studentscore
BEGIN TRY                            --包含可能产生错误的 INSERT 语句
    INSERT INTO t_student(sno,sname) VALUES('s15001','游坦之')
END TRY
BEGIN CATCH                          --包含处理错误的语句,输出错误号和错误信息
    SELECT ERROR_NUMBER() '错误号',ERROR_MESSAGE() '错误信息'
END CATCH
```

9. GOTO

跳转语句可以使程序直接跳转到指定标识符的位置继续执行。可以用 IF 语句设置跳转条件,但容易使程序结构混乱,降低程序的可读性,不推荐使用。

知识 8-4　T-SQL 程序设计基础——事务

1. 什么是事务

事务是不可分割的工作逻辑单元,包含一组数据库语句。一个事务中的语句要么全部正确执行,要么全部不起作用,没有"中间"状态。事务具有原子性(Atomicity)、一致性(Consistency)、隔离性(Isolation)和持久性(Durability)。

（1）原子性

原子性即不可分割，事务要么全部执行，要么全部不执行。如果只执行一部分而不能进行下去，则必须回到未执行状态。

（2）一致性

事务必须完成全部操作，事务完成时，必须使所有数据都保持一致状态。

（3）隔离性

一个事务的执行不能被其他事务干扰，即事务内部的操作及使用的数据对其他事务是隔离的。

（4）持久性

事务完成后，无论结果如何，都将永久保存在数据库中。

2. 理解事务举例

例如，银行转账，将账户 A 的 10000 元转入账户 B，就需要作为一个事务来处理。

（1）原子性：从账户 A 中转出 10000 元和账户 B 中转入 10000 元必须同时进行，只执行任何一个操作都不可以。

（2）一致性：转账完成后，账户 A 减少的金额必须和账户 B 增加的金额一致。

（3）隔离性：转账操作瞬间，账户上的其他操作都不能执行，必须分开操作。

（4）持久性：转账操作完成，对账户 A、B 的资金余额都会产生永久影响。

3. 事务的分类

按事务的启动与执行方式，可以将事务分为以下 3 类。

（1）显性事务（Explicit Transactions）

用户定义或用户指定的事务，即可以显性地定义启动和结束的事务。

（2）自动提交事务（Autocommit Transactions）

默认事务管理模式。每个单独的语句就是一个事务的单位，如果一个语句成功地完成，则提交该语句；如果遇到错误，则回滚该语句。

（3）隐性事务（Implicit Transactions）

当连接以此模式进行操作时，SQL Server 将在提交或回滚当前事务后自动启动新事务。无须描述事务的开始，只需提交或回滚每个事务。它生成连续的事务链。

4. 事务常用的语句

（1）BEGIN TRANSACTION（可简写为 TRAN）：标记事务开始。

（2）COMMIT TRANSACTION：事务已经成功执行，数据已经处理妥当。

（3）ROLLBACK TRANSACTION：数据处理过程中出错，回滚到没有处理之前的数据状态，或回滚到事务内部的保存点。

（4）SAVE TRANSACTION：事务内部设置的保存点，就是事务可以不全部回滚，只回滚到这里。

5. 操作事务举例

（1）定义一个事务，将学生表中出生日期前移 2 年，只有每一行的出生日期都更新成功，才提交整个事务。

```
USE studentscore
BEGIN TRAN tra_stud              --开始事务
```

```
UPDATE t_student SET sbirthday=DATEADD(YEAR,-2, sbirthday)
COMMIT TRAN                              --提交事务
```

（2）在学生表插入一行，设置一个保存点。然后将所有人的出生日期前移 2 年，如果更新成功提交整个事务，否则回滚到保存点。

```
DECLARE @errornum INT
BEGIN TRAN tra_stud
USE studentscore
INSERT INTO t_student VALUES('s15005','木婉清','女',NULL,NULL,NULL)
SAVE TRAN tra_savepoint               --设置保存点
UPDATE t_student SET sbirthday=DATEADD(YEAR,-2, sbirthday)
SET @errornum=@@ERROR
IF (@errornum<>0)
    BEGIN
        ROLLBACK TRAN tra_savepoint     --回滚到保存点
        PRINT '更新出生日期失败！'
    END
ELSE
    BEGIN
        PRINT '更新出生日期成功！'
        COMMIT TRAN tra_stud
    END
```

运行结果，更新出生日期成功，出生日期是 NULL，不影响更新。

知识 8-5   T-SQL 程序设计基础——游标

1. 什么是游标

SELECT 语句查询的结果是一组数据或者一个数据集合，如果要另外处理其中的某些行，可以用 WHERE 子句筛选，但仍然不够方便灵活。游标可以在查询结果中检索行、定位到某一行并修改数据。

2. 游标的使用步骤

一般使用游标的步骤如下。

① 声明游标（DECLARE CURSOR）；

② 打开游标（OPEN CURSOR）；

③ 读取游标（FETCH CURSOR）并根据需要操作数据；

④ 关闭游标（CLOSE CURSOR）；

⑤ 释放游标（DEALLOCATE CURSOR）。

3. 游标使用举例

（1）使用游标读取学生表的前 3 行数据的学号、姓名和生源地。结果如图 8-1 所示。

```
USE studentscore
DECLARE cur_stud CURSOR FOR SELECT TOP 3 sno,sname,sbirthplace FROM t_student
                            --声明游标
```

```
OPEN cur_stud                              --打开游标
FETCH NEXT FROM cur_stud                   --读取游标
WHILE @@FETCH_STATUS=0                      --判断FETCH语句的状态
    FETCH NEXT FROM cur_stud               --继续读取游标
CLOSE cur_stud                             --关闭游标
DEALLOCATE cur_stud                        --释放游标
```

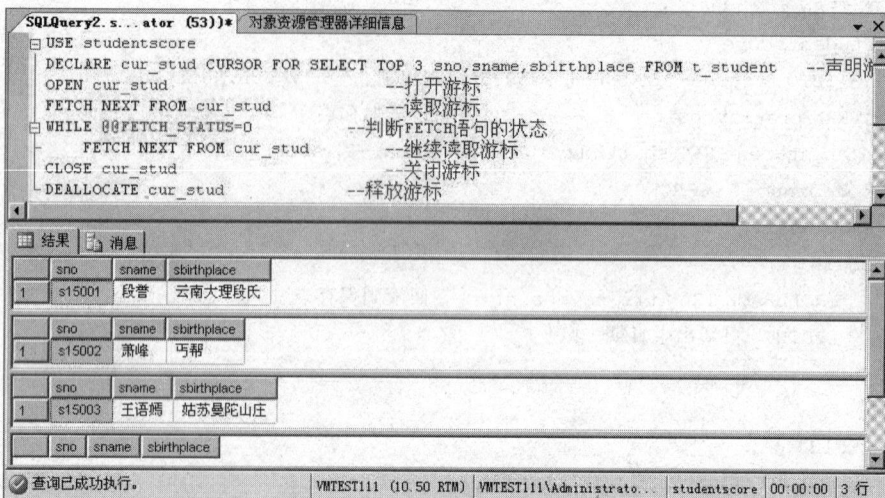

图 8-1 使用游标读取数据

全局变量@@FETCH_STATUS中保存FETCH语句的执行状态：0表示执行成功；－1表示失败或此行不在结果中；－2表示被提取的行不存在。

（2）使用游标修改萧峰的生源地为"辽国契丹族"。结果如图8-2所示。

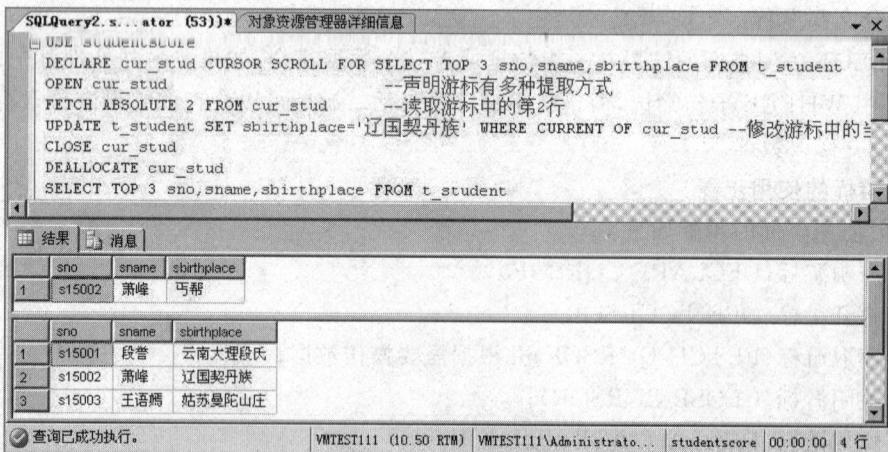

图 8-2 使用游标修改数据

```
USE studentscore
DECLARE cur_stud CURSOR SCROLL FOR SELECT TOP 3 sno,sname,sbirthplace FROM t_
student                         --SCROLL声明游标有多种提取方式
OPEN cur_stud
```

```
FETCH ABSOLUTE 2 FROM cur_stud        --读取游标中的第 2 行
UPDATE t_student SET sbirthplace='辽国契丹族' WHERE CURRENT OF cur_stud
                                      --修改游标中的当前行
CLOSE cur_stud
DEALLOCATE cur_stud
SELECT TOP 3 sno,sname,sbirthplace FROM t_student
```

一般来说,对于 SQL,查询的思维方式是面向集合的(多个行,如同临时的表);而游标的思维方式是面向行的(单个行),这就是它灵活的地方。

上面两个例子不使用游标同样可以完成。使用游标会占用更多内存,减少可用的并发,占用宽带,锁定资源。所以,尽管有其灵活性,作为一种备用工具,应该尽量避免使用。

8.2　任务划分

任务 8-1　创建和执行无参数的存储过程

提出任务

要通知成绩不及格的学生参加补考,需要查询出成绩不及格的学生学号、姓名和选修课程名称以及成绩,使用存储过程完成。

实施任务

1. 创建存储过程

使用 SQL Server Management Studio 和使用 T-SQL 创建存储过程基本上是一样的。

展开 studentscore 数据库的“可编程性”节点,可以找到“存储过程”,在其右键菜单中选择“新建存储过程”命令,打开新建存储过程的模板,就是一个查询窗口,如图 8-3 所示。

```
CREATE PROCEDURE <Procedure_Name, sysname, ProcedureName>
    -- Add the parameters for the stored procedure here
    <@Param1, sysname, @p1> <Datatype_For_Param1, , int> = <Default_Value_For_Param1, , 0>,
    <@Param2, sysname, @p2> <Datatype_For_Param2, , int> = <Default_Value_For_Param2, , 0>
AS
BEGIN
    -- SET NOCOUNT ON added to prevent extra result sets from
    -- interfering with SELECT statements.
    SET NOCOUNT ON;

    -- Insert statements for procedure here
    SELECT <@Param1, sysname, @p1>, <@Param2, sysname, @p2>
END
GO
```

图 8-3　创建存储过程模板

CREATE PROCEDURE 就是创建存储过程,后面由用户定义存储过程的名称和参数。AS 之后就是存储过程要编写的具体内容。所以,用户使用 T-SQL 创建存储过程,在新建查询窗口自己输入 CREATE PROCEDURE,基本上是一样的。

```
USE studentscore
GO
--GO 不能省略,CREATE PROCEDURE 必须是批处理中仅有的语句,见表 8-2
CREATE PROCEDURE pro_studscore        --创建存储过程
AS
SELECT t_score.sno,sname,cname,score FROM t_course INNER JOIN t_score ON t_course.
cno=t_score.cno INNER JOIN t_student ON t_score.sno=t_student.sno WHERE score<60
```

成功执行后,刷新对象资源管理器,在 studentscore 数据库的存储过程节点中,可以看到新建的存储过程。

2. 执行存储过程

使用 SQL Server Management Studio 和使用 T-SQL 执行存储过程稍有不同。

在对象资源管理器中找到存储过程 pro_studscore,右键菜单中选择"执行存储过程"命令,弹出"执行过程"对话框,因为没有参数,单击"确定"按钮,存储过程就被执行,如图 8-4 所示。图中可以看出,存储过程的返回值 0 也被输出,表示执行正常。

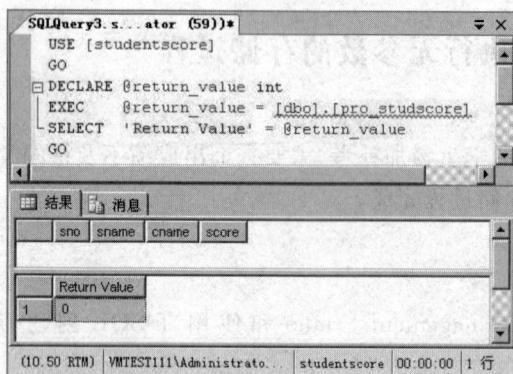

图 8-4　执行存储过程

使用 T-SQL 执行存储过程,在查询窗口输入 EXEC pro_studscore,执行即可。

任务 8-2　创建和执行带输入参数的存储过程

提出任务

期末考试后,学生可以用学号查询自己的成绩,使用存储过程完成。

实施任务

1. 创建存储过程

```
USE studentscore
GO                                          --创建带输入参数的存储过程
CREATE PROCEDURE pro_queryscore @xuehao CHAR(10)
AS
SELECT t_score.sno,sname,cname,score FROM t_course INNER JOIN t_score ON t_course.
cno=t_score.cno INNER JOIN t_student ON t_score.sno=t_student.sno WHERE t_score.
sno=@xuehao
```

成功执行后,刷新对象资源管理器,在 studentscore 数据库的存储过程节点中,可以看到新建的存储过程。

2. 执行存储过程

在对象资源管理器中找到存储过程 pro_queryscore,右键菜单中选择"执行存储过程"命令,弹出"执行过程"窗口,如图 8-5 所示。输入参数值,单击"确定"按钮之后就可以看到查询到输入的学号的课程和成绩。

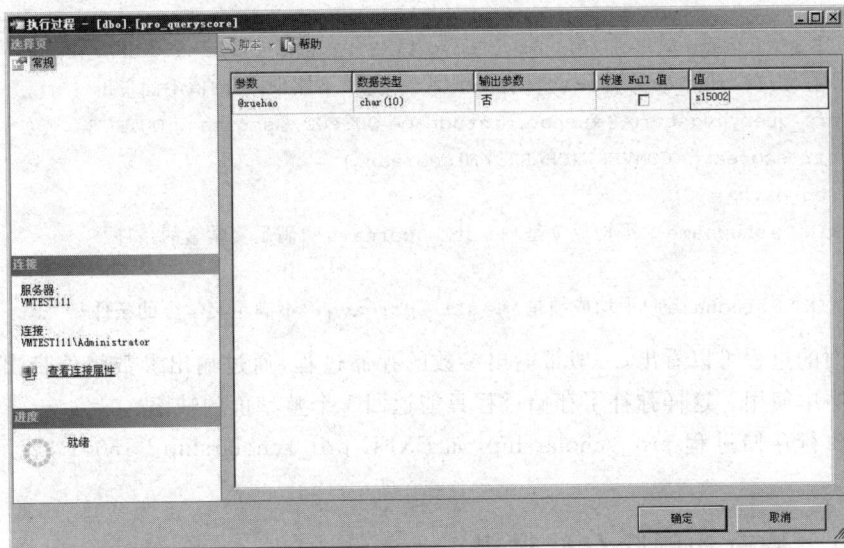

图 8-5　执行过程

使用 T-SQL 执行存储过程,在查询窗口输入 EXEC pro_queryscore 's15002',执行即可。为了简化操作,创建存储过程时,参数可以预设默认值,这样调用存储过程时就可以不用指定了。

任务 8-3　创建和执行带输出参数的存储过程

提出任务

根据学号查询某个学生的平均成绩是否大于等于 90,是否满足评奖学金的条件,使用存储过程完成。

实施任务

1. 先创建根据学号查询姓名和平均成绩的存储过程

```
USE studentscore
GO                                         --创建带输出参数的存储过程
CREATE PROCEDURE pro_queryavgscore @xuehao CHAR(10),@studname NCHAR(10) OUTPUT,@scoreavg TINYINT OUTPUT
AS
SELECT @studname=sname FROM t_student WHERE sno=@xuehao
SELECT @scoreavg=AVG(score) FROM t_course INNER JOIN t_score ON t_course.cno=t_score.cno INNER JOIN t_student ON t_score.sno=t_student.sno WHERE t_score.sno=@xuehao
```

77

2. 创建新的存储过程调用刚才的存储过程

创建新的存储过程 pro_scholarship 调用存储过程 pro_queryavgscore，得出是否满足奖学金条件的结论。

```
USE studentscore
GO
CREATE PROCEDURE pro_scholarship @xuehao CHAR(10)
AS
DECLARE @studname NCHAR(10), @scoreavg TINYINT, @str_scoreavg CHAR(3)
--调用存储过程 pro_queryavgscore,关键字 OUTPUT 不能少,否则值不能带出
EXEC pro_queryavgscore @xuehao, @studname OUTPUT, @scoreavg OUTPUT
SET @str_scoreavg=CONVERT(CHAR(3), @scoreavg)
IF (@scoreavg>=90)
    PRINT @studname+'平均成绩是'+@str_scoreavg+'满足奖学金的条件'
ELSE
    PRINT @studname+'平均成绩是'+@str_scoreavg+'不满足奖学金的条件'
```

从上面的过程可以看出，一般带输出参数的存储过程，通过输出参数将值带出来，在调用它的程序中使用。这样弥补了存储过程只能返回 1 个整型值的缺陷。

最后执行存储过程 pro_scholarship，如 EXEC pro_scholarship 's15001'，就可以看到结果。

任务 8-4　修改和删除存储过程

提出任务

对于不满意的存储过程进行修改和删除等管理。

实施任务

1. 修改存储过程

使用 SQL Server Management Studio，和使用 T-SQL 修改存储过程基本上是一样的。

展开 studentscore 数据库的"可编程性"节点，可以找到要修改的存储过程，如 pro_studentscore，在其右键菜单中选择"修改"命令，打开"修改存储过程"的窗口，就是一个查询窗口，如图 8-6 所示。

对比原来创建存储过程的语句，就是原来的 CREATE PROCEDURE 改为 ALTER PROCEDURE，其他都没有变化。所以，用户使用 T-SQL 修改存储过程，在新建查询窗口自己输入 ALTER PROCEDURE 和其他语句，基本上是一样的。

修改完成后，单击 SQL 编辑器工具栏上的执行按钮，或者按 F5 键执行，完成存储过程的修改。

```
USE [studentscore]
GO
/****** Object:  StoredProcedure [dbo].
SET ANSI_NULLS ON
GO
SET QUOTED_IDENTIFIER ON
GO
ALTER PROCEDURE [dbo].[pro_studscore]
 AS
SELECT t_score.sno,sname,cname,score
FROM t_course INNER JOIN t_score
ON t_course.cno = t_score.cno
INNER JOIN t_student
ON t_score.sno = t_student.sno
WHERE score<60
```

图 8-6　修改存储过程

2. 删除或重命名存储过程

使用 SQL Server Management Studio 删除或重命名存储过程非常方便，在要删除或重命名的存储过程的右键菜单中，就有相应的命令项。

使用 T-SQL 删除存储过程使用 DROP 语句，如 DROP PROCEDURE pro_studentscore。

使用 T-SQL 重命名存储过程使用系统存储过程 SP_RENAME，如，SP_RENAME pro_studentscore pro_failingrade。

8.3　拓 展 训 练

延续前面的拓展训练，完成下面的训练内容。

（1）在教师授课数据库中创建存储过程完成以下操作。

① 教务管理的教师查询教师的工号、姓名、教授的课程名称和课时数。

② 授课教师根据自己的工号查询自己所教授的课程名称、课时数、课程性质和授课时段。

③ 根据工号查询某个授课教师总的授课时数是否大于等于300，是否满足学校的要求。

④ 对存储过程修改或者删除等管理操作，仿照任务 8-4 完成。

（2）在图书借还数据库中创建存储过程完成以下操作。

① 图书管理员查询读者的读者编号、读者姓名和所借图书的名称以及借阅天数。

② 读者根据自己的读者编号查询自己所借的图书名称、借书时间、还书时间和借阅天数。

③ 根据读者编号查询某个读者借阅图书的天数是否大于60，是否超期。

④ 对存储过程修改或者删除等管理操作，仿照任务 8-4 完成。

项目 9　使用触发器实现数据完整性

约束和触发器都能够用来强制执行业务规则和实现数据完整性,但是触发器是要通过编写存储过程来实现的,所以放在存储过程之后。

项目目标

- 理解触发器的概念和原理;
- 掌握触发器的创建和使用。

9.1　知　识　准　备

知识 9-1　什么是触发器

1. 触发器的概念

触发器(TRIGGER)虽然是通过编写存储过程来实现,但是不需要调用来执行,而是通过事件进行触发而执行。触发器定义在表或视图上,当表或视图被数据定义语言(DDL)或者数据操作语言(DML)操作时,就会触发相应的触发器,实现触发器里编写的功能。

DDL 和 DML 已经在知识 2-3 中作为 SQL 的组成部分做了介绍。

2. 触发器的分类

按照触发事件的不同,触发器主要分为 DML 触发器和 DDL 触发器。

(1) DML 触发器

对表或者视图进行 DML 操作(INSERT、UPDATE 和 DELETE)而触发。根据触发时机的不同分为 AFTER(和早期版本中的 FOR 相同)和 INSTEAD OF 两类。AFTER 是 DML 操作完成后触发,只能在表上定义;INSTEAD OF 是 DML 操作进行时触发,替代这些操作而执行其他一些操作。DML 触发器是学习的重点。

(2) DDL 触发器

当数据库中发生 DDL 操作(主要包括 CREATE、ALTER 和 DROP)后(只有 AFTER 类型)触发,可以用于数据库的管理工作,比如审核以及规范数据库的操作。

3. 触发器的原理

DML 触发器按照操作行为,分为 INSERT 触发器、UPDATE 触发器和 DELETE 触发器。

触发器有两个特殊的表 inserted 和 deleted,是驻留内存的临时表,由系统创建和管理,用户只能读取而不能修改。这两个表主要保存因操作而被影响的原数据值和新数据值,所以表的结构和触发器所在的表相同。当触发器工作完成,这两个表也被删除。

触发器的原理如表 9-1 所示，INSERT 操作时，新的数据行插入的同时，也被复制到 inserted 表。DELETE 操作时，旧的数据行被删除的同时，也被移到 deleted 表。UPDATE 操作相当于 DELETE 操作和 INSERT 操作的合并，先删除旧行再插入新行，所以，更新的同时，旧的数据行被移到 deleted 表，新的数据行被复制到 inserted 表。

表 9-1　触发器的原理

操　作	触发器所在的表	inserted 表	deleted 表
INSERT	新行插入	同时，新行被复制进来	—
DELETE	旧行删除	—	同时，旧行被移进来
UPDATE	旧行改写	同时，新行被复制进来	同时，旧行被移进来

触发器工作时，会检查 inserted 表或者 deleted 表中的数据，以确定是否应该执行触发器操作，或者如何执行。如果数据的更新（INSERT、UPDATE 和 DELETE）违反完整性的要求，可以通过回滚取消更新。

9.2　任　务　划　分

任务 9-1　创建触发器

提出任务

分别创建 DML 的 INSERT 触发器、DELETE 触发器、UPDATE 触发器、INSTEAD OF 触发器和 DDL 触发器。

实施任务

1. 创建 INSERT 触发器

在 t_score 表中插入行时，检查该行的学号是否存在于 t_student 表、课程编号是否存在于 t_course 表，若有一项为否，则不允许插入。

使用 SQL Server Management Studio，和使用 T-SQL 创建触发器基本上是一样的。

触发器是表的下一级数据库对象，展开 t_score 表节点，可以找到"触发器"，在其右键菜单中选择"新建触发器"命令，打开新建触发器的模板，如图 9-1 所示。

```
CREATE TRIGGER <Schema_Name, sysname, Schema_Name>.<Trigger_Name, sysname, Trigger_Name>
    ON <Schema_Name, sysname, Schema_Name>.<Table_Name, sysname, Table_Name>
    AFTER <Data_Modification_Statements, , INSERT,DELETE,UPDATE>
AS
BEGIN
    -- SET NOCOUNT ON added to prevent extra result sets from
    -- interfering with SELECT statements.
    SET NOCOUNT ON;

    -- Insert statements for trigger here

END
GO
```

图 9-1　创建触发器

CREATE TRIGGER 就是创建触发器，后面由用户定义触发器的名称，ON 之后是触

发器所在的表或视图。AFTER 表示触发的时机，AFTER 触发器只能定义在表上。之后的
INSERT、UPDATE 和 DELETE 是触发的操作行为，默认 3 种操作都触发。AS 之后就是
触发器要编写的具体内容。所以，用户使用 T-SQL 创建触发器，在新建查询窗口自己输入
CREATE TRIGGER，基本上是一样的。

```
USE studentscore
GO    --GO 不能省略，CREATE TRIGGER 必须是批处理中仅有的语句，见表 8-2
CREATE TRIGGER tri_checksnocno ON t_score AFTER INSERT
AS                              --按照要求创建 t_score 表上的 INSERT 触发器
IF EXISTS(SELECT * FROM inserted WHERE sno NOT IN (SELECT sno FROM t_student) OR cno
NOT IN (SELECT cno FROM t_course))
    BEGIN
        PRINT '不存在学号或者课程编号，不能插入！'
        ROLLBACK TRAN              --撤销插入操作
    END
```

成功执行后，刷新对象资源管理器，在 t_score 表的触发器节点中，可以看到新建的触
发器。

在 t_score 表插入学号或者课程编号不存在的一行，发现不能插入，原因是违反主外键
的约束。说明约束在触发器之前起作用，删除 t_score 表的 2 个外键约束，分别手工插入和
使用 T-SQL 插入一行，可以看到触发器被触发的提示，如图 9-2 所示。左边是手工插入时，
触发器的提示；右边是使用 T-SQL 插入时，触发器的提示。

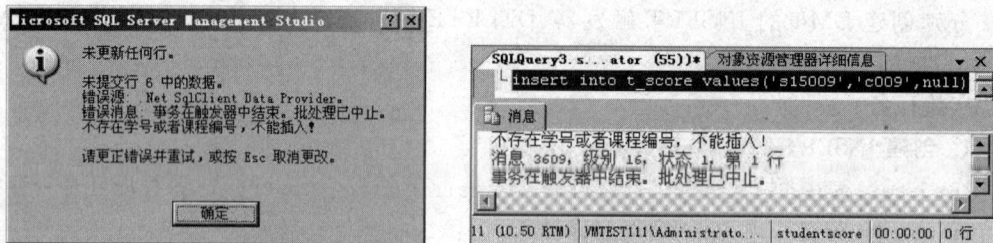

图 9-2　触发器被触发的提示

为了验证触发器的作用，读者可以删除原有表之间的主外键关系。

2. 创建 DELETE 触发器

删除 t_student 表的一行（一个学生）时，相应地删除 t_score 表中该学生学号对应的所
有成绩行。

```
USE studentscore
GO
CREATE TRIGGER tri_deletestud ON t_student AFTER DELETE
AS                                --按照要求创建 t_student 表上 DELETE 触发器
DELETE FROM t_score WHERE sno= (SELECT sno FROM deleted)
```

成功执行后，删除 t_student 表的一行时，刷新 t_score 表，发现该学生学号对应的所有
成绩行也被删除。这样就实现级联删除操作，级联的概念如图 4-9 所示。

读者同样创建的 t_course 表中 DELETE 触发器,在删除 t_course 表的一行(一门课程)时,相应地删除 t_score 表中该课程编号对应的所有成绩行。

3. 创建 UPDATE 触发器

修改 t_student 表的学号时,t_score 表中对应的学号随之修改。

```
USE studentscore
GO
CREATE TRIGGER tri_updatesno ON t_student AFTER UPDATE
AS
IF EXISTS(SELECT sno FROM deleted)
    UPDATE t_score SET sno=(SELECT sno FROM inserted) WHERE sno=(SELECT sno FROM
deleted)
```

成功执行后,修改 t_student 表的学号时,刷新 t_score 表,对应的学号也被修改。这样就实现级联更新操作,级联的概念如图 4-9 所示。

读者同样创建的 t_course 表中 UPDATE 触发器,修改 t_course 表的课程编号时,t_score 表中对应的课程编号也被修改。

4. 创建 INSTEAD OF 触发器

不能修改 t_score 表的数据,修改时提示"只能添加和删除,不能修改!"。

```
USE studentscore
GO
CREATE TRIGGER tri_noupdatescore ON t_score INSTEAD OF UPDATE
AS
PRINT '只能添加和删除,不能修改! '
```

成功执行后,修改 t_score 表,无论是手工修改还是使用 T-SQL 修改,都不能完成,使用 T-SQL 修改时可以看到提示。

5. 创建 DDL 触发器

使用触发器禁止删除数据库中的表,删除时给出提示。

```
USE studentscore
GO
CREATE TRIGGER tri_nodroptable ON DATABASE AFTER drop_table
AS
PRINT '禁止删除数据库中的表!'
ROLLBACK                          --撤销删除
```

成功执行后,无论是手工删除还是使用 T-SQL 删除都不能完成,使用 T-SQL 删除时可以看到提示。

DDL 触发器是属于数据库的,展开 studentscore 数据库的可编程性节点,在数据库触发器中可以找到。

任务 9-2　修改、删除以及禁用、启用触发器

提出任务

对触发器进行修改、删除以及禁用、启用的管理。

实施任务

1. 修改触发器

使用 SQL Server Management Studio，和使用 T-SQL 修改触发器基本上是一样的。

展开 t_score 表的"触发器"节点，可以找到要修改的触发器，如 tri_checksnocno，在其右键菜单中选择"修改"命令，打开修改触发器的窗口，如图 9-3 所示。

```
ALTER TRIGGER [dbo].[tri_checksnocno] ON [dbo].[t_score] AFTER INSERT
AS
IF EXISTS(SELECT * FROM inserted WHERE sno NOT IN (SELECT sno FROM t_student)
                                 OR cno NOT IN (SELECT cno FROM t_course))
    BEGIN
        PRINT '不存在学号或者课程编号，不能插入！'
        ROLLback TRAN
    END
```

图 9-3　修改触发器

对比原来创建触发器的语句，就是原来的 CREATE TRIGGER 改为 ALTER TRIGGER，其他都没有变化。所以，用户使用 T-SQL 修改触发器，在新建查询窗口自己输入 ALTER TRIGGER 和其他语句，基本上是一样的。

修改完成后，单击 SQL 编辑器工具栏中的执行按钮，或者按 F5 键执行，完成触发器的修改。

建议读者将 tri_checksnocno 触发器改为 INSERT 和 UPDATE 触发器，配合 t_student 表、t_course 表上的 DELETE 触发器和 UPDATE 触发器，就能够实现原来 3 个表之间主外键关系所约束的效果。

2. 删除触发器

使用 SQL Server Management Studio 删除触发器非常方便，在要删除的触发器的右键菜单中，就有相应的命令项。

使用 T-SQL 删除触发器使用 DROP 语句，如 DROP TRIGGER tri_checksnocno。

3. 禁用和启用触发器

使用 SQL Server Management Studio 禁用或者启用触发器非常方便，在触发器的右键菜单中，就有相应的命令项。

使用 T-SQL 禁用或者启用触发器使用 DISABLE TRIGGER 和 ENABLE TRIGGER 语句。

如 DISABLE TRIGGER tri_checksnocno ON t_score 或者 ENABLE TRIGGER tri_checksnocno ON t_score。

使用 T-SQL 禁用 DDL 触发器：

```
DISABLE TRIGGER tri_nodroptable ON DATABASE
```

使用 T-SQL 启用 DDL 触发器：

```
ENABLE TRIGGER tri_nodroptable ON DATABASE
```

9.3 拓 展 训 练

延续前面的拓展训练,完成下面的训练内容。

(1) 在教师授课数据库中删除 4.3 拓展训练(1)所创建的 3 个表之间的主外键关系,创建触发器实现以下功能。

① 在授课表中插入行时,检查该行的工号是否存在于教师表、课程编号是否存在于课程表,若有一项为否,则不允许插入。

② 删除教师表的一行(一个教师)时,相应地删除授课表中该教师工号对应的所有授课信息。

删除课程表的一行(一门课程)时,相应地删除授课表中该课程编号对应的所有授课信息。

③ 修改教师表的工号时,授课表中对应的工号随之修改。

修改课程表的课程编号时,授课表中对应的课程编号随之修改。

④ 不能修改授课表的数据,修改时,提示"只能添加和删除,不能修改!"。

⑤ 禁止删除教师授课数据库中的表,删除时给出提示。

(2) 在图书借还书数据库中删除 4.3 拓展训练(2)所创建的 3 个表之间的主外键关系,创建触发器实现以下功能。

① 在借还书表中插入行时,检查该行的读者编号是否存在于读者表、图书编号是否存在于图书表,若有一项为否,则不允许插入。

② 删除读者表的一行(一个读者)时,相应地删除借还表中该读者编号对应的所有借阅图书信息。

删除图书表的一行(一本图书)时,相应地删除借还书表中该图书编号对应的所有借阅信息。

③ 修改读者表的读者编号时,借还书表中对应的读者编号随之修改。

修改图书表的图书编号时,借还书表中对应的图书编号随之修改。

④ 不能修改借还书表的数据,修改时,提示"只能添加和删除,不能修改!"。

⑤ 禁止删除图书借还书数据库中的表,删除时给出提示。

项目 10 SQL Server 安全性管理

    数据库管理员能够访问数据库，授权用户也能够访问，非授权用户不能访问。即使是授权用户，也只能在权限范围以内访问，比如学生只能查询成绩而不能插入和修改成绩；教师可以插入、修改、查询成绩，但不能修改表的结构等。这样就能够保证数据库不被破坏和非法使用。

项目目标

* 理解 SQL Server 安全性管理的概念；
* 掌握服务器安全管理、数据库安全管理、数据库对象安全管理的方法。

10.1 知 识 准 备

知识 10-1 SQL Server 安全性管理的概念

1. SQL Server 的安全机制

SQL Server 的安全机制分为以下 3 个等级：

① SQL Server(服务器)的登录安全性；

② 数据库的访问安全性；

③ 数据库对象的使用安全性。

3 个安全等级比喻为大楼，大楼的房间和房间里的柜子。用户通过 SQL Server 的登录安全性——进入大楼，通过数据库的访问安全性——进入房间，通过数据库对象的使用安全性——打开柜子。

登录 SQL Server 有两种方式，Windows 身份验证和 SQL Server 身份验证。无论哪一种，都要提供正确的用户名和密码。用户登录 SQL Server(进入大楼)后，要访问数据库(进入房间)还需要数据库的用户账号。用户使用数据库用户账号进入数据库(进入房间)，然后访问数据库架构(数据库对象的命名空间)内的数据库对象(打开柜子)。

2. SQL Server 身份验证模式

SQL Server 有两种身份验证模式，在安装 SQL Server 2008 已经介绍过，见图 1-18。

(1) Windows 身份验证模式

通过 Windows 用户连接 SQL Server 服务器，Windows 的用户或用户组被映射到 SQL Server 登录账户。只要登录 Windows，不需要输入用户名、密码就能访问 SQL Server。这样既简化了操作，又利用了 Windows 的安全性能和用户管理功能。

（2）混合模式（SQL Server 身份验证和 Windows 身份验证）

允许用户使用 SQL Server 身份验证或 Windows 身份验证进行连接，非 Windows 系统环境的用户、Internet 用户或者混杂的工作组访问 SQL Server 时，应使用混合模式。SQL Server 身份验证应提交一个独立于 Windows 用户名的 SQL Server 登录名和密码。

登录名 sa（看作 system administrator 的简称）是 SQL Server 默认的，为了系统兼容而保留，拥有 SQL Server 系统的所有权限，不能被删除。在采用混合模式安装 Microsoft SQL Server 之后，应该为 sa 指定密码。

3. 服务器角色

根据 SQL Server 的管理任务以及这些任务相对的重要等级，把具有 SQL Server 管理职能的用户（登录名）划分为不同的组，并预定义每一组的管理权限，这些组就是服务器角色。服务器角色适用于服务器范围内，是固定的，其权限不能被修改，如表 10-1 所示。

表 10-1　服务器角色

服务器角色	描　　　述
sysadmin	系统管理员，可以在 SQL Server 中做任何事情。默认情况下，Windows BUILTIN\Administrators 组的所有成员都是 sysadmin 服务器角色的成员
serveradmin	可以更改服务器范围内的配置选项和关闭服务器
setupadmin	增加、删除连接服务器，进行数据库的复制操作，管理扩展的存储过程
securityadmin	管理和审核登录用户
processadmin	管理在 SQL Server 实例中运行的进程
dbcreator	可以创建、更改、删除和还原任何数据库
diskadmin	管理磁盘文件
bulkadmin	管理大容量数据的插入操作（BULK INSERT）
public	在服务器上创建的每个登录名都是 public 服务器角色的成员，只拥有 VIEW ANY DATABASE 权限

4. 数据库用户

数据库用户有权限操作数据库，SQL Server 有两个默认的用户：dbo（database owner）和 guest。dbo 用户不能删除，创建数据库的用户和系统管理员都是 dbo 用户；guest 用户是可以被禁用的。

SQL Server 的登录名只是让用户可以登录 SQL Server 实例，而要访问此实例中的某一数据库，则需要在此数据库中具有对应的用户。"用户映射"可以将登录名映射为数据库的用户。

5. 数据库角色

数据库的用户按分配权限的不同分成不同的组，这种组就是数据库角色。数据库角色有系统预定义的固定角色，不能添加、修改和删除，也允许用户自己定义数据库角色。固定数据库角色如表 10-2 所示。

表 10-2　固定数据库角色

数据库角色	描　　述
db_owner	进行所有数据库角色的活动，以及数据库中的其他维护和配置活动，db_owner 角色的权限跨越所有其他固定数据库角色
db_accessadmin	允许在数据库中添加或删除用户、组以及角色
db_datareader	有权查看来自数据库中所有用户表的全部数据
db_datawriter	有权添加、更改或删除来自数据库中所有用户表的数据
db_ddladmin	有权添加、修改或除去数据库中的对象（运行所有 DDL）
db_securityadmin	管理数据库角色和角色成员，并管理数据库中的对象和语句权限
db_backupoperator	有备份数据库的权限
db_denydatareader	无权查看来自数据库中所有用户表的全部数据
db_denydatawriter	无权添加、更改或删除来自数据库中所有用户表的数据
public	维护所有默认权限，每个数据库中用户都默认属于该角色，不能删除

6. 数据库架构

数据库架构是一个独立于数据库用户的非重复命名空间，可以将架构视为对象的容器。命名空间名其实就是文件夹名，一个对象只能属于一个架构，就像一个文件只能存放于一个文件夹中一样。与文件夹不同的是，架构是不能嵌套的。所以，架构弥补了数据库中众多繁杂的对象中难以区分的缺陷。

数据库角色拥有对应的数据库架构，数据库用户可以通过角色直接拥有架构。数据库用户有默认架构，写 SQL 语句可以直接以"对象名"访问，非默认架构则要以"架构名.对象名"访问。所以，在自动生成的数据库对象的脚本中，对象名称前面的 dbo 就是默认的数据库架构。

7. 概念的总结

登录名是用来登录服务器的。服务器角色就是登录用户对服务器具有的权限，权限有大小，所以角色有多个，一个角色可以有多个登录名。当登录名被映射为数据库用户以后，就可以访问数据库了。同样，不同的数据库用户权限不同，从而构成数据库的角色。数据库角色对应的数据库构架中包含数据库对象。

登录名映射为数据库用户的名称可以相同也可以不同。服务器角色 sysadmin 的任何成员（比如，sa）都映射到每个数据库的 dbo 用户上。由服务器角色 sysadmin 的任何成员创建的任何对象都自动属于 dbo；不是服务器角色 sysadmin 成员的登录名（包括固定数据库角色 db_owner 成员）创建的对象属于创建该对象的用户，而不属于 dbo，用创建该对象的用户名限定。

10.2　任　务　划　分

任务 10-1　使用 SQL Server Management Studio 管理服务器的安全

提出任务

使用 SQL Server Management Studio 设置身份验证模式，创建和管理登录名。具体任务是为学生用户创建登录名 stud_login（进入大楼），并管理此登录名。

实施任务

1. 设置服务器身份验证模式

在对象资源管理器中已经连接的数据库引擎的右键菜单中,选择"属性"命令,打开"服务器属性"窗口,单击左上角的"安全性"选择页,如图 10-1 所示。

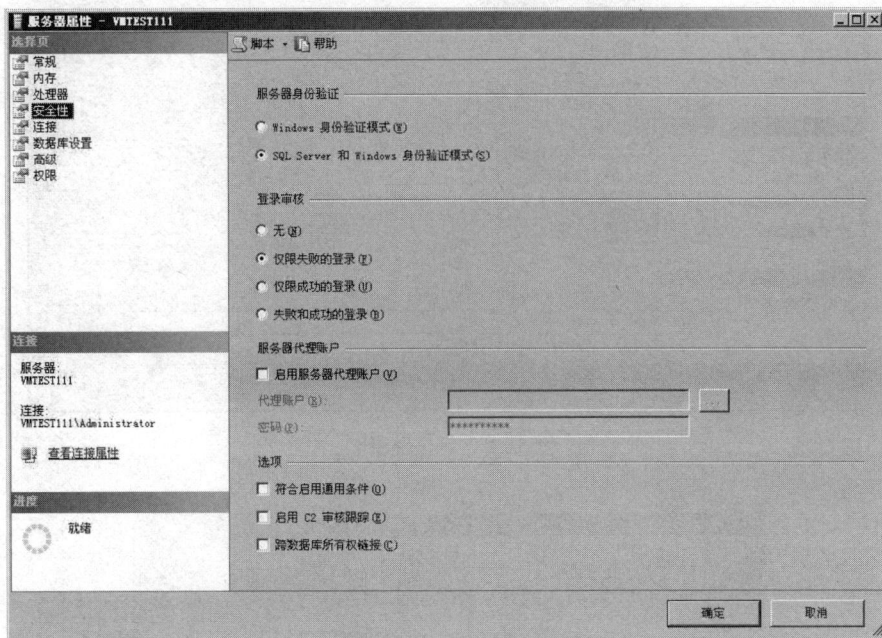

图 10-1　服务器身份验证

在"服务器身份验证"区域选择身份验证模式,如果更改原有的配置,单击"确定"按钮后,会提示重新启动 SQL Server 后更改才能生效。

如果原来是 Windows 身份验证,这里更改为混合身份验证。

2. 创建和使用登录名

(1)新建登录名

在对象资源管理器中展开已经连接的数据库引擎的"安全性"节点,在其下级节点"登录名"的右键菜单中选择"新建登录名"命令,打开"登录名-新建"窗口,如图 10-2 所示。

输入登录名 stud_login 和密码,选择 SQL Server 身份验证。这里为了演示的方便,取消"强制实施密码策略"复选框的选择,在实际应用中不应该这样操作。

单击"确定"按钮后就创建完成登录名,在登录名节点中可以看到。

如果要选择"Windows 身份验证",右上角的"搜索"按钮就会激活,单击该按钮搜索 Windows 的用户或用户组,对应当前的登录名。同时,不需要输入密码和强制密码策略,由 Windows 管理用户和密码。

(2)使用新建的登录名登录

在对象资源管理器的工具栏单击"连接"按钮,在其下拉列表中选择"数据库引擎",弹出"连接到服务器"对话框,如图 10-3 所示。选择"SQL Server 身份验证",登录名输入新建的 stud_login,输入密码后,单击"连接"按钮,连接后对象资源管理器中可以看到如图 10-4 所

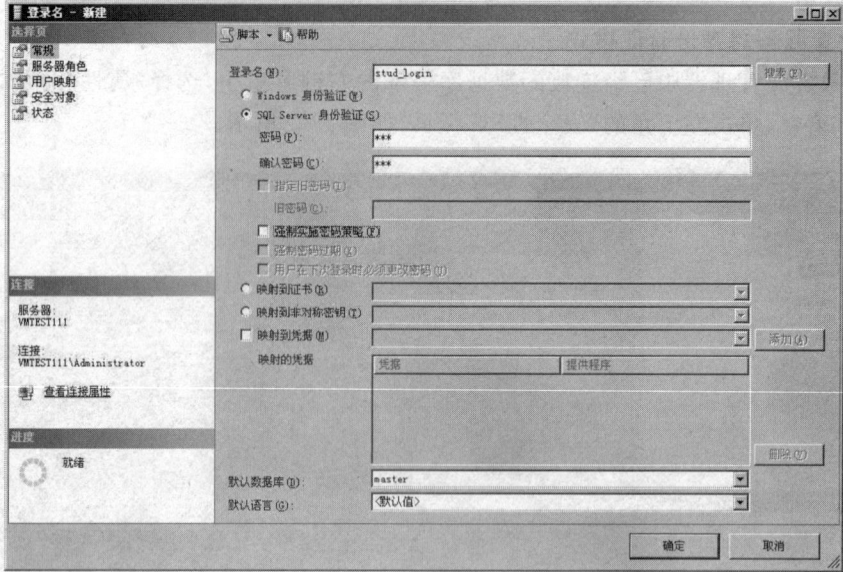

图 10-2　新建登录名

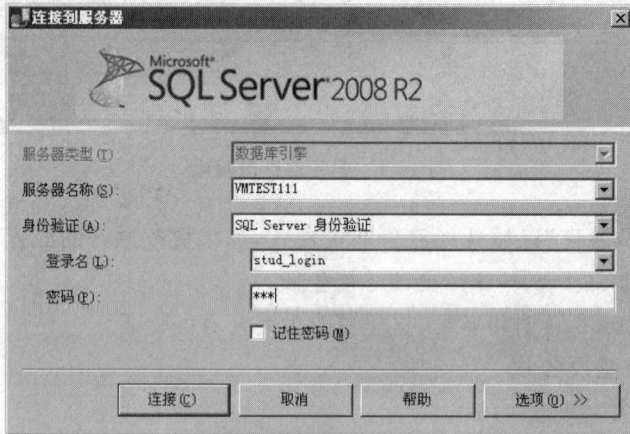

图 10-3　连接到服务器

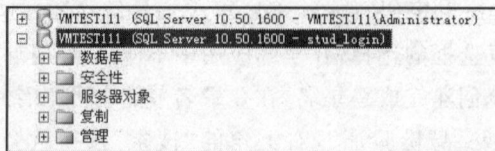

图 10-4　使用新建的登录名连接服务器

示的两个数据库引擎。上面一个是 Windows 身份验证，登录名是"计算机名\Administrator"，下面一个是 SQL Server 身份验证，登录名是 stud_login。

如果使用新建的 Windows 身份验证的登录名登录，则需要登录名对应的 Windows 用户是操作系统的当前用户才可以，否则注销操作系统，切换到登录名对应的 Windows 用户。

3. 管理登录名

(1) 查看和修改登录属性

断开 stud_login 连接的服务器,在原来的服务器中查看登录名 stud_login 的属性。在"常规"选择页中可以进行更改密码,选择"强制实施密码策略"复选框等操作。在"服务器角色"选择页中可以选择某一种服务器角色,使当前登录名具有所选择的服务器角色拥有的权限。在"状态"选择页中可以进行设置"是否允许连接到数据库引擎",以及登录的启用和禁用等操作,如图 10-5 所示。

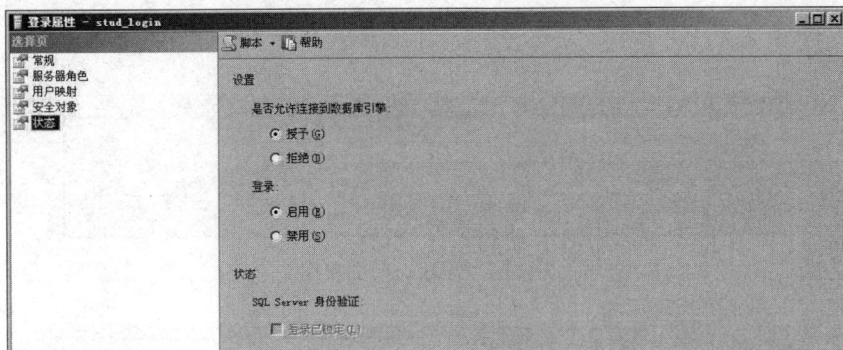

图 10-5　登录属性

(2) 删除登录名

在要删除的登录名的右键菜单中选择"删除"命令,弹出"删除对象"窗口,单击"确定"按钮后就可以删除。如果登录名已经映射为数据库用户,则应该删除此用户。

任务 10-2　使用 SQL Server Management Studio 管理数据库的安全

提出任务

使用 SQL Server Management Studio 设置数据库用户(进入房间)。具体任务是为学生用户 stud_login 设置 studentscore 数据库用户,并管理此数据库用户。

实施任务

1. 设置数据库用户

SQL Server 登录名映射为数据库的用户,选择任务 10-1 创建的登录名 stud_login,在其登录属性窗口单击"用户映射"选择页。在"映射到此登录名的用户"列表框中选择 studentscore 数据库,在数据库名称后面的用户列会出现和登录名相同的用户名称,如图 10-6 所示。可以修改此名称,这里改为 stud_user,表示和登录名区分开。可以在默认架构列中单击扩展按钮选择架构,在此不做选择,单击"确定"按钮后,完成设置。

设置完成数据库用户 stud_user 之后,可以在 studentscore 数据库的安全性节点中看到此用户。

如果没有设置数据库用户 stud_user,使用登录名 stud_login 登录后是不能打开数据库 studentscore 的。在图 10-4 的下面一个数据库引擎中,展开数据库节点,再展开 studentscore 的节点时会弹出出错提示,如图 10-7 所示。

可以在数据库的用户节点里新建用户,在"数据库用户-新建"窗口,必须选择登录名,如

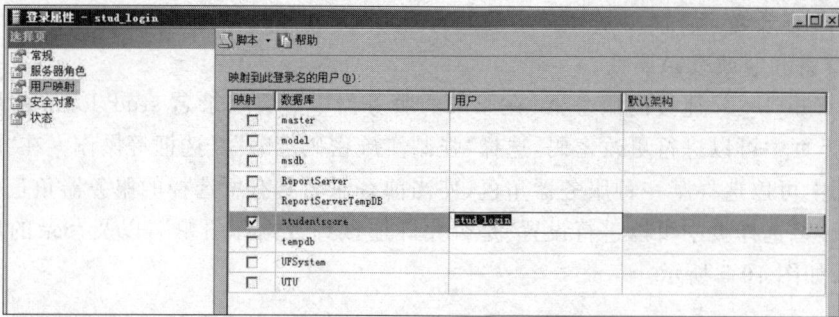

图 10-6　用户映射

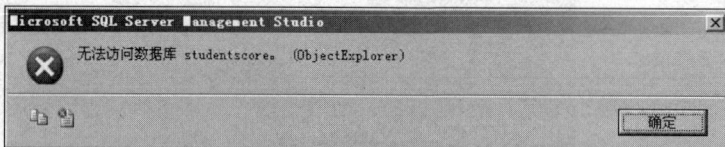

图 10-7　无法访问数据库

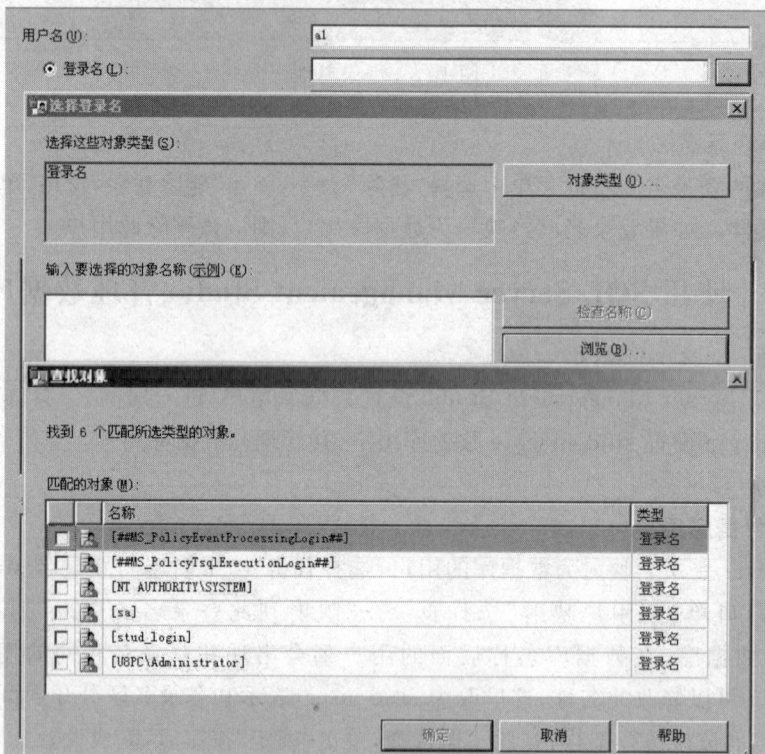

图 10-8　新建数据库用户

图 10-8 所示。单击登录名后面的按钮，打开"选择登录名"对话框，再单击"浏览"按钮，打开"查找对象"对话框，可以看到当前数据库引擎已有的登录名。

如果选择 stud_login 登录名，单击 3 次"确定"按钮后，会看到如图 10-9 所示的出错信息。

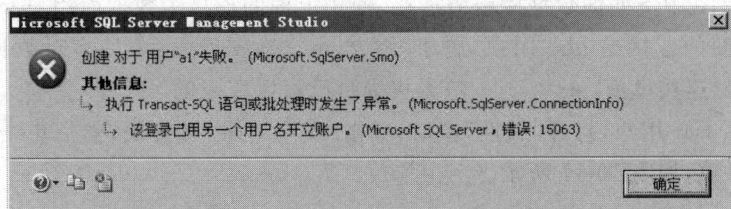

图 10-9 创建数据库用户失败

一个登录名可以被授权访问多个数据库,但一个登录名在每个数据库中只能映射一次。即一个登录可对应多个用户,一个用户也可以被多个登录使用。SQL Server 大楼里面,每个房间都是一个数据库,登录名只是进入大楼的钥匙,而用户名则是进入房间的钥匙,一个登录名可以有多个房间的钥匙,但一个登录名在一个房间只能有一把钥匙。

2. 管理数据库用户

(1) 查看和修改数据库用户的属性

找到设置的数据库用户 stud_user,双击就可以打开其属性窗口,能够查看和修改属性。例如,数据库用户 stud_user 的"常规"选择页中,可以选择某个数据库的角色成员,使 stud_user 用户具有角色所拥有的权限。也可以在 studentscore 数据库的角色节点中,将 stud_user 用户添加到新建角色或者已有角色中,同样使 stud_user 用户具有某种角色所拥有的权限。

(2) 删除数据库用户

如果不需要某个数据库用户时,在其右键菜单中选择"删除"命令,弹出"删除对象"窗口,单击"确定"按钮后就可以删除。

任务 10-3 使用 SQL Server Management Studio 管理数据库对象的安全

提出任务

使用 SQL Server Management Studio 管理数据库对象的安全(打开柜子)。具体任务是使学生用户 stud_user 能够查询表 t_student、t_course、t_score 的数据,而没有插入数据和修改数据等其他权限。

实施任务

1. 为数据库用户授权

学生用户 stud_user 虽然能够访问数据库 studentscore,但在数据库中却没有任何权限,用户表和视图都不能看到,如图 10-10 所示。

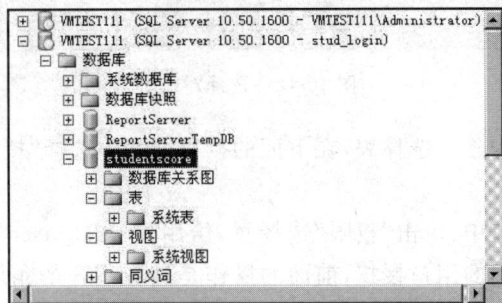

图 10-10 用户 stud_user 没有访问数据库对象的权限

断开图 10-10 中下面的数据库引擎连接，使用上面的连接为数据库用户 stud_user 设置权限。因为上面的连接是 dbo 用户，属于 db_owner 数据库角色，拥有对数据库的所有权限。已经断开的连接里面，stud_user 是无权为自己设置权限的。

双击 stud_user 用户，打开"属性"窗口，单击"安全对象"选择页，然后单击右上角的"搜索"按钮添加对象，如图 10-11 所示。

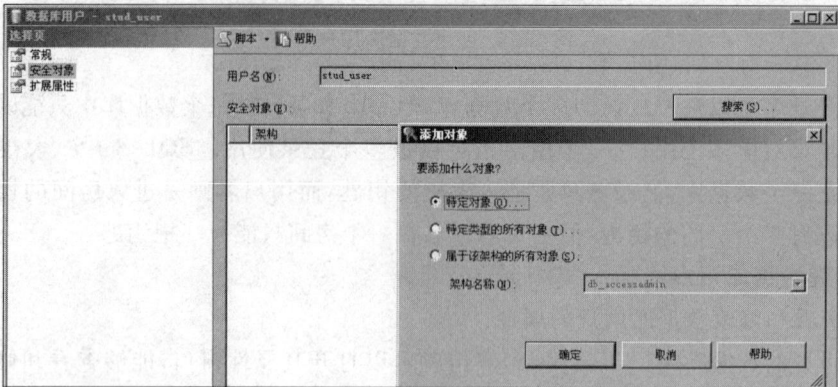

图 10-11　添加安全对象

因为表属于"特定对象"，保持原有的选择不变，单击"确定"按钮后打开"选择对象"对话框，如图 10-12 所示。单击"对象类型"按钮，打开"选择对象类型"的对话框，如图 10-13 所示。选择"表"，单击"确定"按钮后，回到图 10-12 所示的"选择对象"对话框，这时"浏览"按钮被激活，单击"浏览"按钮，打开"查找对象"对话框，如图 10-14 所示。选择要选择的表 t_student、t_course、t_score，单击"确定"按钮后，在属性窗口就可以授予权限了，如图 10-15 所示。

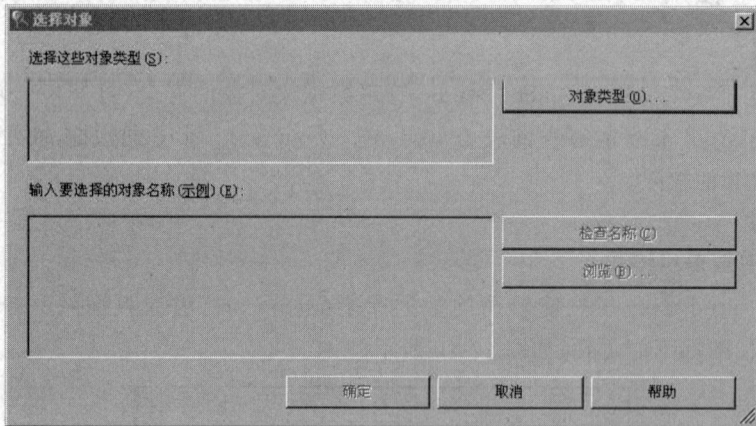

图 10-12　选择对象

在"安全对象"列表中逐一选择表，在下面的授权列表中选择"授予""选择"权，最后单击"确定"按钮完成授权。

可以在表的属性窗口中，单击"权限"选择页，给用户 stud_user"授予""选择"权。这样就是站在表的角度给不同的用户授权，前面的操作是站在用户的角度给不同的表或者其他数据库对象授权，结果是一样的。

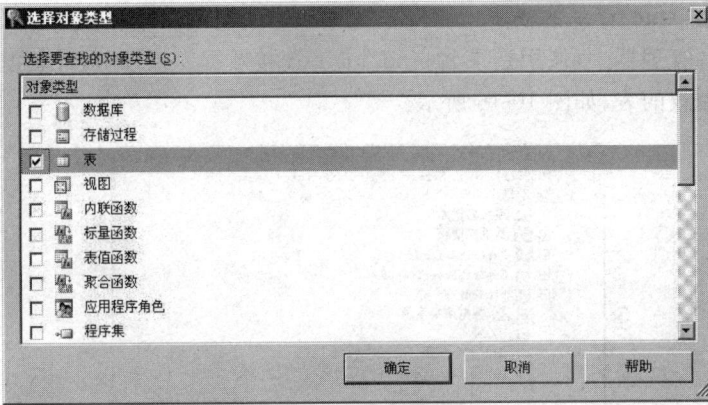

图 10-13　选择对象类型

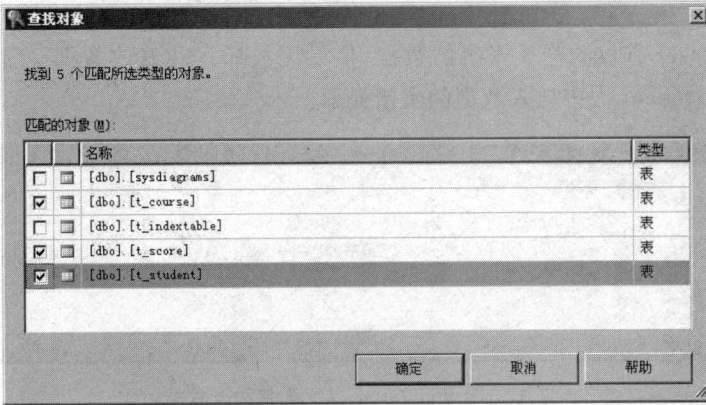

图 10-14　查找对象

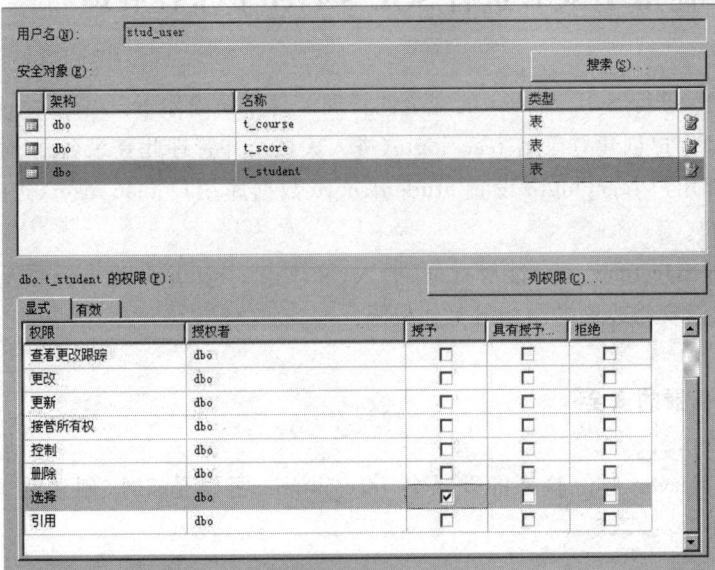

图 10-15　授予权限

2. 验证用户 stud_user 的权限

在对象资源管理器中，使用登录名 stud_login 连接数据库引擎，展开数据库节点以后就可以看到已经授权的表，如图 10-16 所示。

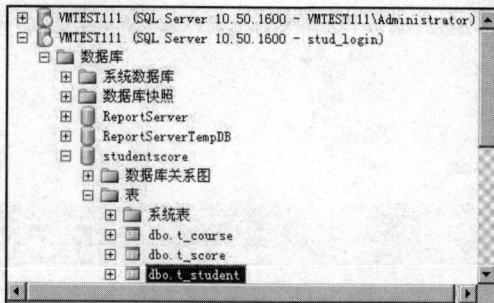

图 10-16　用户 stud_user 被授予了选择表的权限

用户 stud_user 有权浏览 3 张表的数据，但是无权插入和修改数据。图 10-17 是用户 stud_user 在 t_student 表中插入数据的出错提示。

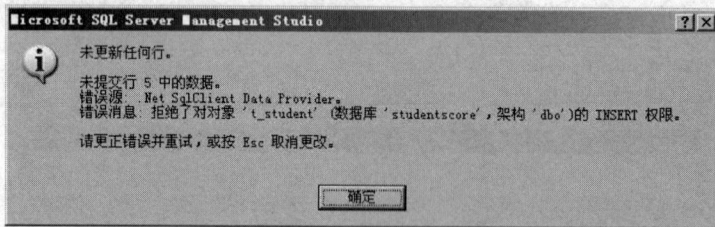

图 10-17　用户 stud_user 无权插入数据

任务 10-4　使用 T-SQL 进行 SQL Server 安全性管理

提出任务

使用 T-SQL 进行 SQL Server 的安全性管理。具体任务如下。

（1）为教师用户创建登录名 teac_login（进入大楼），并管理此登录名。

（2）为教师用户 teac_login 设置 studentscore 数据库用户 teac_user（进入房间），并管理此数据库用户。

（3）使教师用户 teac_user 能够查询、插入、修改表 t_student、t_course、t_score 的数据（打开柜子），而没有修改表的结构等其他权限。

实施任务

1. 管理服务器的安全

（1）创建登录名

创建 SQL Server 身份验证的登录名 teac_login，密码是 321，创建时关闭密码强制策略。

```
CREATE LOGIN teac_login WITH PASSWORD='321',CHECK_POLICY=OFF
```

如果要创建 Windows 身份验证的登录名，语句是：

```
CREATE LOGIN [VMTEST111\teac_login1] FROM WINDOWS
```

teac_login1 必须是计算机 VMTEST111(计算机名称)的用户。

（2）修改登录名

将登录名 teac_login 的密码改为 123,语句是:

```
ALTER LOGIN teac_login WITH PASSWORD='123'
```

（3）删除登录名

删除登录名 VMTEST111\teac_login1。

```
DROP LOGIN [VMTEST111\teac_login1]
```

2. 管理数据库的安全

（1）创建登录名 teac_login 映射在 studentscore 数据库的用户 teacher。

```
USE studentscore
CREATE USER teacher FOR LOGIN teac_login
```

（2）修改数据库的用户 teacher 的名称为 teac_user

```
USE studentscore
ALTER USER teacher WITH NAME=teac_user
```

（3）删除数据库用户 teac_user

```
USE studentscore
DROP USER teac_user
```

3. 管理数据库对象的安全

T-SQL 使用 GRANT 授予权限,DENY 拒绝权限,REVOKE 废除权限。

给教师用户 teac_user 授权,能够查询、插入、修改表 t_student、t_course、t_score 的数据。

```
USE studentscore
GRANT SELECT,UPDATE,INSERT ON t_student TO teac_user
GRANT SELECT,UPDATE,INSERT ON t_course TO teac_user
GRANT SELECT,UPDATE,INSERT ON t_score TO teac_user
```

以上 T-SQL 语句执行的效果,请读者自行在 SQL Server Management Studio 里逐句进行验证。

10.3　拓 展 训 练

（1）在教师授课数据库中完成下面的训练内容。

① 使用 SQL Server Management Studio 为授课教师用户创建登录名,然后映射到教师授课数据库中成为数据库用户,最后为此数据库用户授权选择教师表、课程表和授课表的

权限。

② 使用 T-SQL 为教务管理用户创建登录名，然后映射到教师授课数据库中成为数据库用户，最后为此数据库用户授权选择、插入、修改教师表、课程表和授课表的权限。

（2）在图书借还书数据库中完成下面的训练内容。

① 使用 SQL Server Management Studio 为读者用户创建登录名，然后映射到图书借还书数据库中成为数据库用户，最后为此数据库用户授权选择读者表、图书表和借还书表的权限。

② 使用 T-SQL 为图书管理用户创建登录名，然后映射到教师授课数据库中成为数据库用户，最后为此数据库用户授权选择、插入、修改读者表、图书表和借还书表的权限。

项目 11　数据库的备份与还原

　　保证数据安全是数据库的日常维护工作，主要防止数据丢失。造成数据丢失的原因有磁盘故障、计算机错误（如系统崩溃）、人为错误（如误操作）等。

　　数据库的日常维护工作还包括：把数据复制到其他服务器上；把过期的数据和当前使用的数据分开，不要放在同一个数据库中等。

　　数据库的备份和还原是完成这些日常维护工作的主要方法。

项目目标

- 了解数据库的恢复模式和备份的类型；
- 掌握数据库备份与还原的方法。

11.1　知　识　准　备

知识 11-1　数据库的恢复模式

　　恢复模式是数据库的一个属性（在数据库属性的"选项"文件页），用于控制数据库备份和还原的行为。SQL Server 有 3 种恢复模式：完整恢复、大容量日志恢复和简单恢复，如图 11-1 所示。

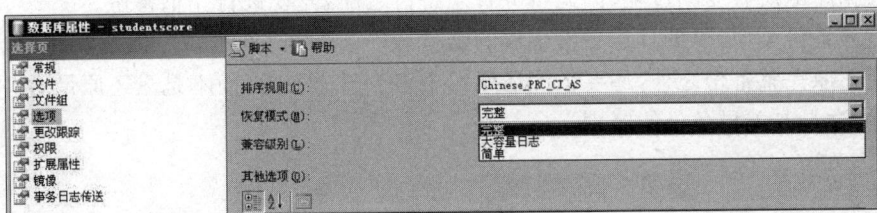

图 11-1　数据库恢复模式

1. 完整恢复

　　完整恢复是默认恢复模式，会完整记录操作数据库的每一个步骤，因此能够将整个数据库恢复到一个特定的时间点。在完全恢复模式下，可以进行各种备份。

2. 大容量日志恢复

　　大容量日志恢复是对完整恢复模式的补充。对大容量操作进行最小日志记录，节省日志文件的空间（如导入数据、批量更新、SELECT INTO 等操作）。

　　例如，一次在数据库中插入 10 万行数据时，在完整恢复模式下每一个插入行的动作都会记录在日志中，使日志文件变得非常大。在大容量日志恢复模式下，只记录必要的操作，不记录所有日志。这样可以大大提高数据库的性能，但是由于日志不完整，一旦出现问题，数据将可能无法恢复。因此，一般只有在需要进行大量数据操作时才将恢复模式改为大容量日志恢复模式，数据处理完毕之后，马上将恢复模式改回完整恢复模式。

3. 简单恢复

简单恢复模式下，数据库会自动把不活动的日志删除，可以最大限度减少事务日志的管理开销，但是因为没有事务日志备份，所以不能恢复到失败的时间点，只能恢复到最后一次备份时的状态。通常，此模式只用于对数据安全要求不太高的数据库。并且在该模式下，数据库只能进行完整备份和差异备份。

知识 11-2   数据库备份的类型

备份不只是复制文件，备份得到数据库的副本可以还原数据。作为数据库的日常维护工作，备份的频率取决于所能承受的数据损失的大小，以及数据变化的程度。只有系统管理员、数据库所有者和数据库备份操作员有权备份数据库。

SQL Server 通过 3 种常用的备份类型：完整备份、差异备份和事务日志备份。

1. 完整备份

完整备份可以备份整个数据库的所有内容，包括事务日志，所以需要比较多的存储空间和备份时间。只有在执行了完整备份之后才能执行其他备份。

2. 差异备份

差异备份也叫增量备份，是完整备份的补充，只备份上次完整备份后更改的数据。相对于完整备份来说，差异备份的数据量比完整备份小，备份的速度也比完整备份快。

在还原数据时，要先还原前一次做的完整备份，然后还原最后一次所做的差异备份，这样才能让数据库中的数据恢复到与最后一次差异备份时的内容相同。

3. 事务日志备份

事务日志备份只备份事务日志中的内容。事务日志记录了上一次完整备份或事务日志备份后数据库的所有变动过程，因此事务日志备份之前，先要进行完整备份。

与差异备份类似，事务日志备份生成的文件较小、占用时间较短。但是在还原数据时，除了先要还原完整备份之外，还要依次还原每个事务日志备份，而不是只还原最后一个事务日志备份，这是与差异备份的区别。

11.2   任 务 划 分

任务 11-1   使用 SQL Server Management Studio 进行数据库的备份与还原

提出任务

使用 SQL Server Management Studio 对数据库 studentscore 进行完整备份与还原。

实施任务

1. 备份数据库

在对象资源管理器的数据库 studentscore 的右键菜单中选择"任务"→"备份"命令，打开"备份数据库"对话框,如图 11-2 所示。

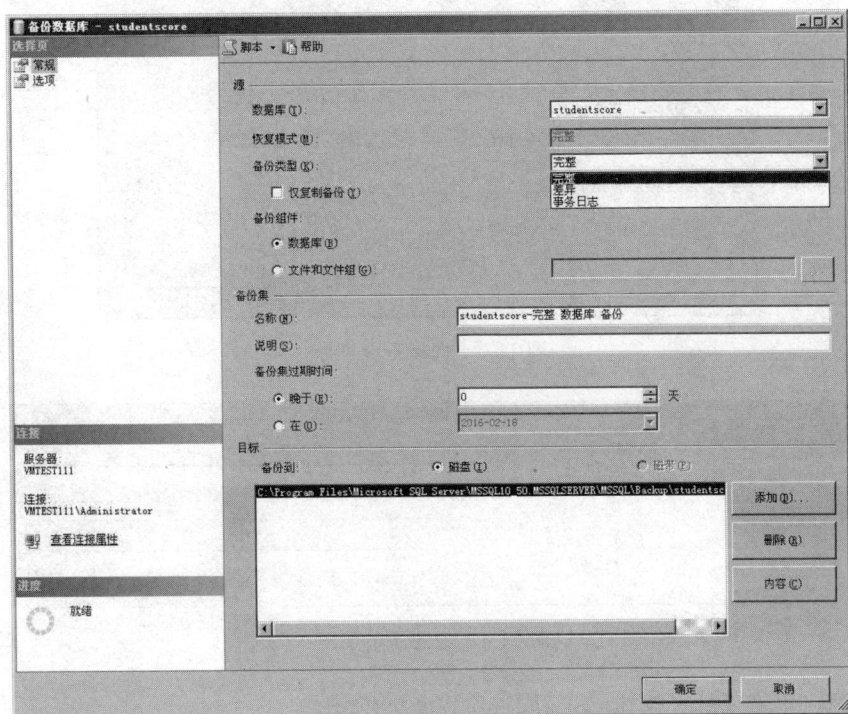

图 11-2 备份数据库

默认情况下,"恢复模式"和"备份类型"是"完整"类型。

备份组件默认是数据库,"文件和文件组"适合数据库特别大,只备份行数据文件或文件组的情况。

备份集是备份到一个或多个文件的集合。默认已经有了名称,用户可以修改名称并在下面添加说明。

备份集过期时间"晚于"0 天表示永不过期,用户可以输入 0~99999 的天数。也可以选择"在"单选按钮,在其后的下拉列表框中确定过期日期。

目标区域中单击"添加"按钮,打开"选择备份目标"对话框,可以选择要备份的文件名或备份设备。

文件名输入框后面的扩展按钮可以定位备份文件的位置,并输入备份文件名。也可以选择"备份设备",备份设备由服务器统一管理,对备份产生的文件有逻辑名称,并且有备份的详细信息,如备份的时间、类型、数据库名称等。

因为当前服务器中没有创建备份设备,所以图 11-3 的备份设备不能用。

2. 创建备份设备

使用备份设备更方便管理。

先取消图 11-2 的备份数据库操作。

在对象资源管理器中展开"服务器对象"节点,找到"备份设备",在其右键菜单中选择"新建备份设备"命令,打开如图 11-4 的窗口。

输入设备名称,在"文件"输入框的后面使用扩展按钮确定备份设备对应的物理文件的

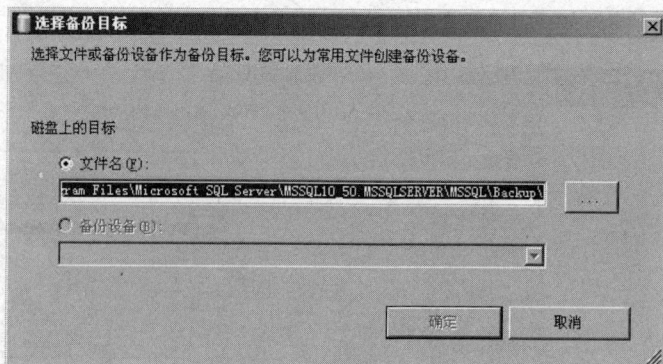

图 11-3　选择备份目标

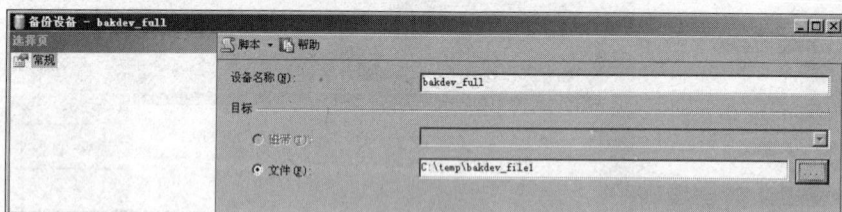

图 11-4　新建备份设备

名称和路径。单击"确定"按钮后，完成备份设备的创建。

再回到图 11-2 的备份数据库操作，打开图 11-3 的选择备份目标窗口后，就可以选择备份设备了。如果有多个备份设备，可以在此进行选择。

选择刚才创建的备份设备 bakdev_full，单击两次"确定"按钮，完成数据库 studentscore 的完整备份。用户可以查看备份设备对应的物理文件。

如果数据库再完整备份到文件，会发现备份文件的大小和刚才备份设备所对应的文件的大小完全相同。

3．还原数据库

在对象资源管理器的右键菜单中选择"还原数据库"命令，打开还原数据库的窗口，如图 11-5 所示。

输入目标数据库的名称，"源设备"后面的扩展按钮选择备份文件或者备份设备，然后在备份集中选择刚才所做的备份。

如果在还原之前，除了完整备份，也做过差异备份或者事务日志备份，或者两者都做过，那么备份集将都可以看到，根据需要选择备份文件进行还原。

单击"确定"按钮进行备份，会弹出如图 11-5 所示的出错信息。

错误的原因是原来的数据库 studentscore 仍然存在。一般还原数据库是在数据库物理磁盘损坏、数据库被破坏或被删除的情况下进行的。

所以，可以删除原来的数据库 studentscore 再还原，或者在用户数据库的窗口单击"选项"选择页，如图 11-6 所示，选择"覆盖现有数据库"还原选项。

在"将数据库文件还原为"的列表中可以看到"原始文件名"和"还原为"的文件名，要确保计算机中存在将要还原的文件路径存在，如果路径不存在，需要单击后面的扩展按钮进行修改。

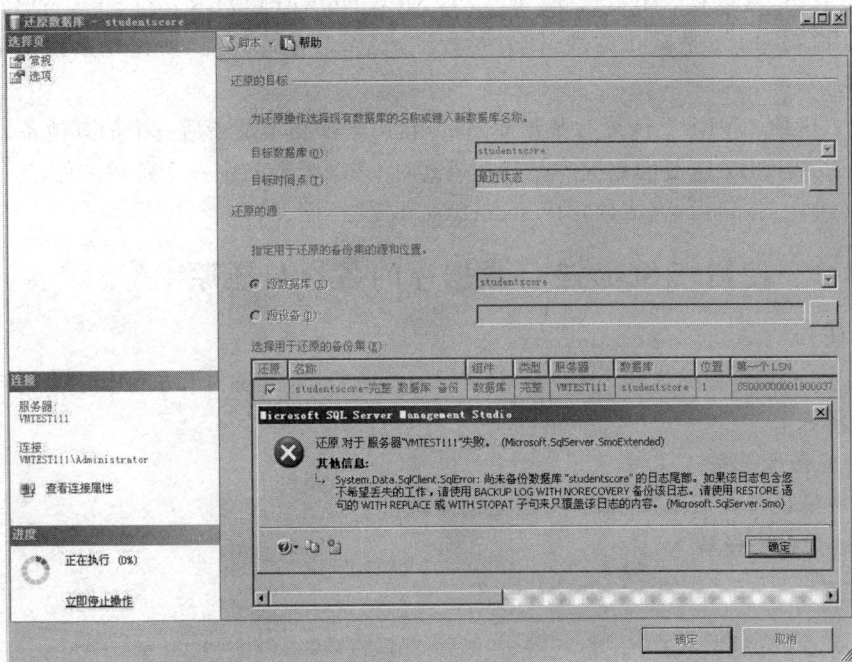

图 11-5 还原数据库

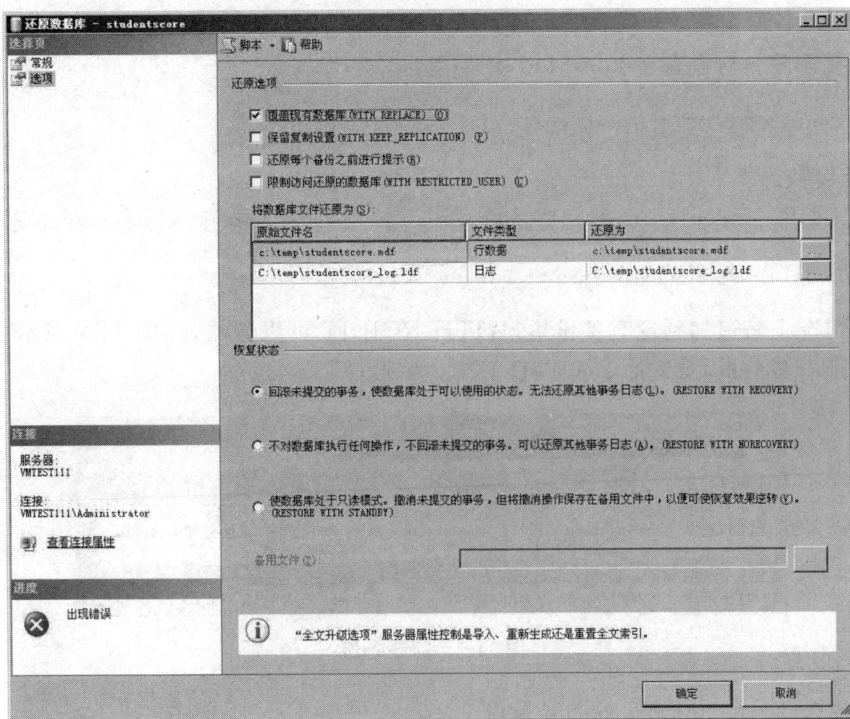

图 11-6 "还原数据库"选项

"恢复状态"区域有 3 个单选项：RECOVERY、NORECOVERY 和 STANDBY。

（1）RECOVERY 是默认方式，恢复过程完成后，数据库可用，所以用来恢复最后一个备份。

（2）NORECOVERY 恢复后数据库不可用，用来恢复不是最后一个的其他备份。

（3）STANDBY 恢复的数据库是只读模式，此选项需要指定一个备用文件。

单击"确定"按钮后，完成数据库 studentscore 的还原。

任务 11-2　使用 T-SQL 进行数据库的备份与还原

提出任务

使用 T-SQL 对数据库 studentscore 进行完整备份、差异备份和事务日志备份与还原。

实施任务

1. 创建备份设备

因为备份设备在后面要用到，所以先创建备份设备。

（1）创建备份设备

```
USE studentscore
EXEC SP_ADDUMPDEVICE 'disk','bakdev_full','c:\temp\bakdev_file1.bak'
```

"disk"表示备份设备是磁盘，"bakdev_full"是备份设备的名称，"c：\temp\bakdev_file1.bak"是备份设备对应的文件名称。

（2）删除备份设备

如果要删除备份设备 bakdev_full，语句是：

```
EXEC SP_DROPDEVICE 'bakdev_full'
```

2. 备份数据库

（1）数据库 studentscore 的完整备份

```
backup database studentscore to bakdev_full
```

默认情况下是追加到现有备份集，WITH NOINIT 可以省略，如图 11-7 所示。如果要覆盖所有现有备份集，应该加上 WITH INIT 选项。

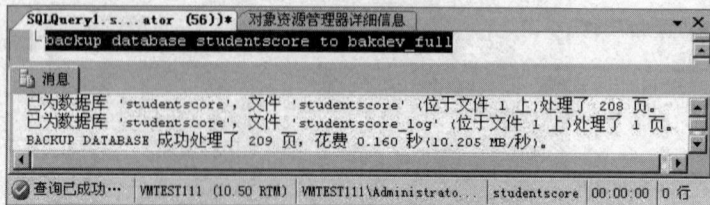

图 11-7　完整备份

（2）数据库 studentscore 的差异备份

```
backup database studentscore to bakdev_full with differential
```

WITH DIFFERENTIAL 选项是差异备份，如图 11-8 所示。

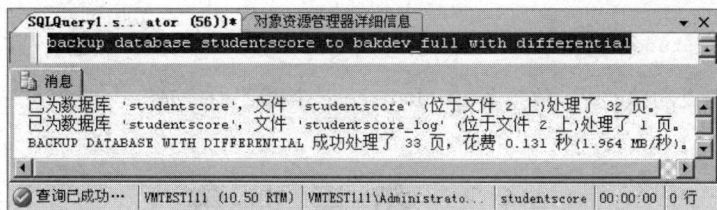

图 11-8　差异备份

（3）数据库 studentscore 的事务日志备份

```
backup log studentscore TO bakdev_full
```

如图 11-9 所示是事务日志备份。

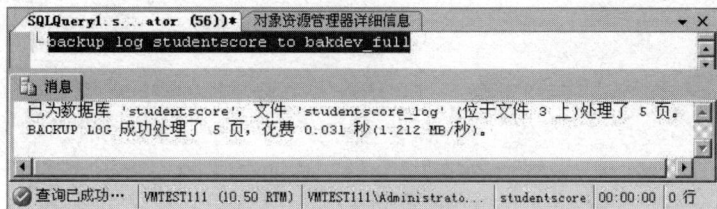

图 11-9　事务日志备份

比较 3 种备份后的消息，完整备份数据量最大，用时最多；差异备份次之；事务日志备份数据量最小，用时最少。所以备份策略中，完整备份频率应该最低，并且和差异备份、事务日志备份结合使用。

3. 还原数据库

从 bakdev_full 备份设备中还原完整备份、差异备份和事务日志备份，如图 11-10 所示。

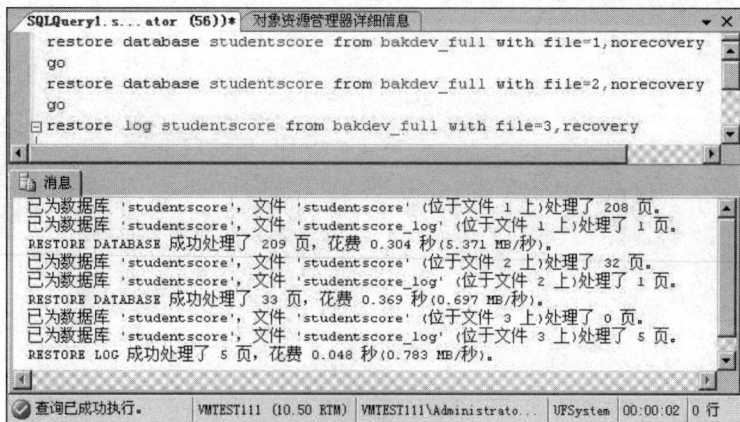

图 11-10　还原数据库

```
restore database studentscore from bakdev_full with file=1,norecovery
                              --FILE=1 表示备份媒体上的第 1 个备份集,后面以此类推
GO
restore database studentscore from bakdev_full with file=2,norecovery
```

```
GO
restore log studentscore from bakdev_full with file=3,recovery
```

上面的语句成功执行后，数据库 studentscore 全部还原完成。

11.3 拓 展 训 练

分别使用 SQL Server Management Studio 和 T-SQL 完成下面的训练内容。

（1）备份和还原教师授课数据库，可以进行完整备份、差异备份和事务日志备份。

（2）备份和还原图书借还书数据库，可以进行完整备份、差异备份和事务日志备份。

项目 12　数据库的应用开发

数据库本身的设计、实现、安全、维护工作已经基本完成,但是,对于不懂数据库技术的一般用户可能仍然无法使用数据库系统。通过应用开发可以建立一个用户和计算机交互的界面,方便用户(不懂数据库技术的人)使用学生成绩管理系统。

项目目标

- 了解 SQL Server 提供的应用程序接口;
- 掌握使用 ADO. NET 对象连接 SQL Server 的方法;
- 了解开发数据库应用程序的方法。

12.1　知识准备

知识 12-1　SQL Server 提供的应用程序接口——ODBC

应用程序接口(Application Programming Interface,API)是帮助用户实现前端程序和后台服务器上的数据库的连接和访问。本书主要介绍 SQL Server 2008 的 ODBC、ADO. NET 和 JDBC。

1. 什么是 ODBC

ODBC 是 Open Database Connectivity 的简称,即开放的数据库连接,是数据库服务器的一个标准协议。ODBC 本身提供了对 SQL 语言的支持,用户可以直接将 SQL 语句送给 ODBC。

一个基于 ODBC 的应用程序对数据库的操作不依赖任何 DBMS,不直接与 DBMS 打交道,所有的数据库操作由对应的 DBMS 的 ODBC 驱动程序完成。不同的数据库使用不同的驱动程序,对应于 ODBC 不同的数据源名称(Data Sourse Name,DSN)。DSN 指定了与后台数据库服务器和连接驱动程序及连接方式等信息。

2. 创建 ODBC 数据源

创建 ODBC 数据源的步骤如下。

(1) 在操作系统的"控制面板"→"管理工具"→"数据源(ODBC)",双击打开"ODBC 数据源管理器"对话框,如图 12-1 所示。可以选择"用户 DSN""系统 DSN"或者"文件 DSN",3 种 DSN 在窗口下方有解释,说明如表 12-1 所示。

(2) 单击图 12-1 的"添加"按钮,打开"创建新数据源"对话框,如图 12-2 所示,在列表框中选择 SQL Server Native Client 10.0。这是比 SQL Server 驱动程序先进的数据访问技术。

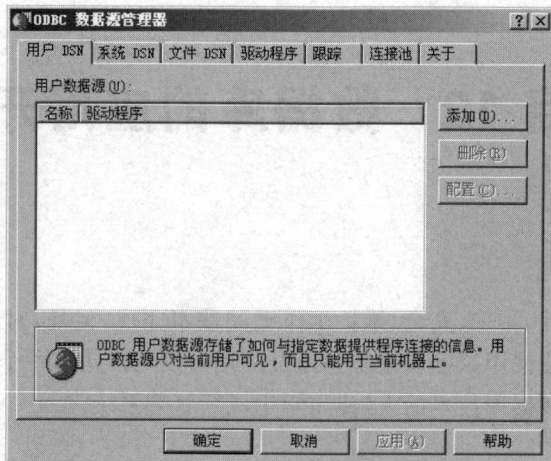

图 12-1　ODBC 数据源管理器

表 12-1　3 种 DSN

DSN	说　　明
用户 DSN	用户 DSN 的配置信息保存在注册表 HKEY_CURRENT_USER 中，只允许创建该 DSN 的登录用户使用
系统 DSN	系统 DSN 的配置信息保存在注册表 HKEY_LOCAL_MACHINE 中，与用户 DSN 不同的是系统 DSN 允许所有登录服务器的用户使用
文件 DSN	文件 DSN 的配置信息保存在硬盘上的某个具体文件中，所以可以方便地复制到其他计算机中。文件 DSN 允许所有登录服务器的用户使用

图 12-2　创建新数据源

（3）单击"完成"按钮，打开如图 12-3 所示的"创建到 SQL Server 的新数据源"对话框，输入新数据源的名称，也可以输入"描述"信息，在最下面的列表框中可以输入或者选择 SQL Server 服务器名称。

（4）单击"下一步"按钮，选择 SQL Server 身份验证方式，如图 12-4 所示，这里选择"集成 Windows 身份验证"。单击"下一步"按钮，更改数据源默认的数据库，如图 12-5 所示，再单击"下一步"按钮完成数据源配置，如图 12-6 所示。

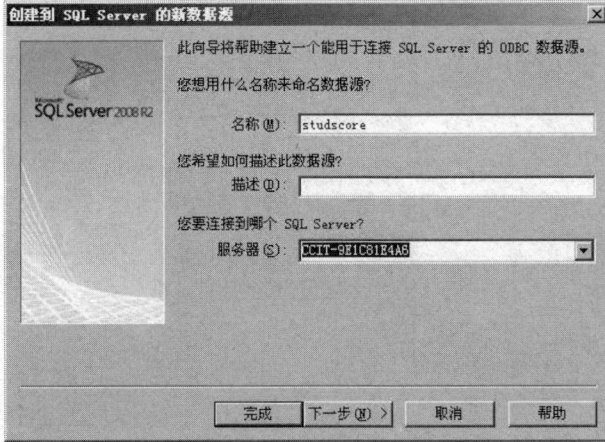

图 12-3　命名数据源和选择服务器

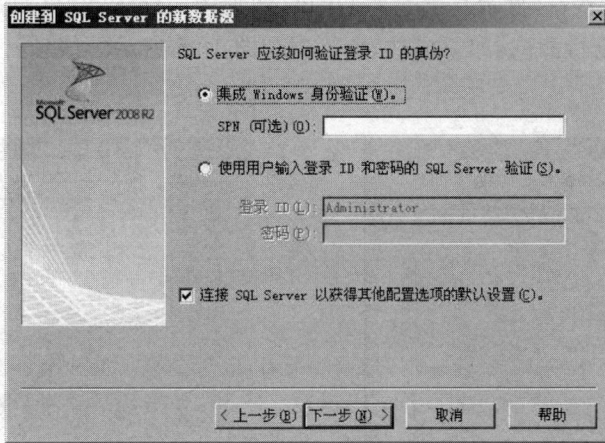

图 12-4　选择服务器身份验证方式

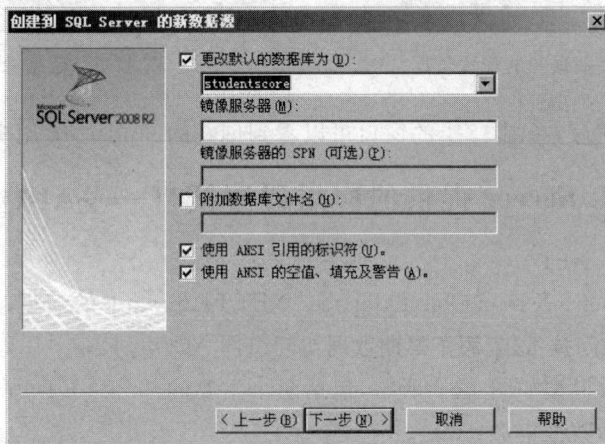

图 12-5　更改数据源默认的数据库

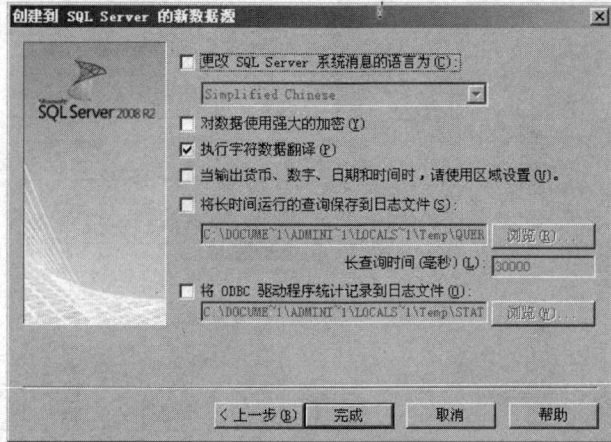

图 12-6　完成数据源配置

（5）单击"完成"按钮，显示将创建的 ODBC 数据源的配置情况，如图 12-7 所示。单击"测试数据源"按钮进行测试，如果成功，会出现如图 12-8 所示的信息，否则，返回前面的步骤进行修改。

图 12-7　ODBC 数据源的配置情况

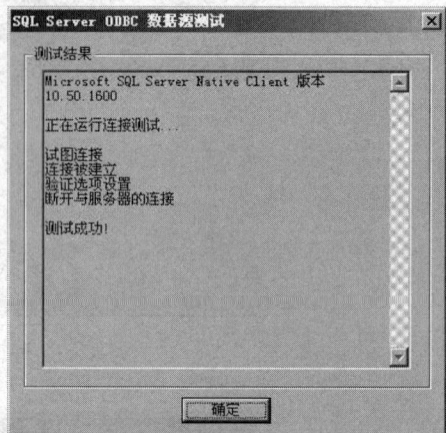

图 12-8　数据源测试成功

单击"确定"按钮后，在图 12-1 的窗口可以看到创建的 studscore 用户数据源。

知识 12-2　SQL Server 提供的应用程序接口——ADO.NET

1. 什么是 ADO.NET

ADO.NET 是 ActiveX Data Objects for the .NET Framework 的缩写，是 .NET Framework 体系结构的数据库访问技术，起源于早期数据访问组件 ADO。

ADO.NET 对象模型如图 12-9 所示，包括两个主要的部分 .NET Framework 数据提供者（Data Provider）和数据集 DataSet。

（1）.NET Framework 数据提供者

.NET Framework 数据提供者主要用来连接数据库，管理数据以及充当数据库和数据

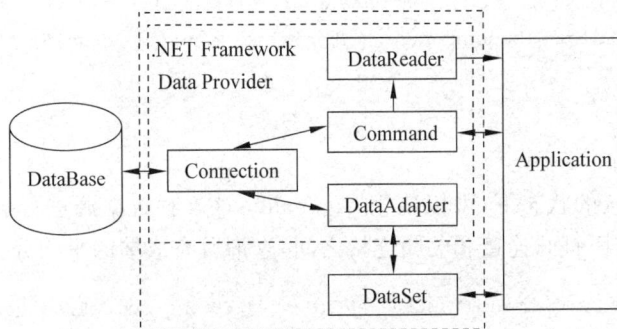

图 12-9　ADO. NET 对象模型

集之间的桥梁。.NET Framework 数据提供者主要包含 4 个对象：Connection、Command、DataReader 和 DataAdapter，如表 12-2 所示。

表 12-2　.NET Framework 数据提供者主要包含的 4 个对象

对　象	说　　明
Connection	建立与特定数据源的连接，能够打开数据库连接和关闭数据库连接
Command	对数据源执行操作命令，包括查询、插入、修改和删除
DataReader	以顺序且只读的方式从数据源中读取数据，通常用来存储查询结果
DataAdapter	能够操作数据，是数据库和数据集之间的转换器

（2）数据集（DataSet）

数据集是数据在客户计算机内存中的驻留，这样可以以离线或者连接的方式操作数据，以减少网络流量。就像内存中的一个数据库，其中包含 DataTable（数据集中的表）、DataRow（DataTable 中的行）和 DataColumn（DataTable 中的列）等对象。

2. 使用命名空间

命名空间是对象的逻辑组合，可以防止对象名称的冲突，更容易定位到对象。项目 10 SQL Server 安全性管理中的数据库架构也是一种命名空间，但是数据库架构不能嵌套。

ADO. NET 主要在 System. Data 命名空间中实现，ADO. NET 包括 SQL Server 数据提供组件和 OLE DB 数据提供组件。前者支持 SQL Server 7.0 或更高版本，直接与 SQL Server 底层沟通，性能较高，属于 System. Data. SqlClient 命名空间；后者用于访问 Access、Oracle 等数据源，访问 SQL Server 性能一般，属于 System. Data. OleDb 命名空间。当程序中用到命名空间中的类时，需在程序中引入相关的命名空间。

3. 访问数据库

（1）连接数据库

根据数据源的不同，分别使用 SqlConnection 和 OledbConnection 对象连接数据库。这里以 SqlConnection 为例，使用 VB.NET 语言采用 Windows 身份验证连接本地数据库 studentscore，语句如下：

```
imports System.Data.SqlClient        --引入命名空间,必须放在窗体代码之外
```

111

```
Dim sqlcon As New SqlConnection("data source=(local);
    initial catalog=studentscore; integrated security=true;")    --声明连接对象
sqlcon.Open()                                                     --打开连接
sqlcon.Close()                                                    --关闭连接
```

（2）操作数据库

在与数据库连接的状态下，可以使用 Command 对象对数据源进行插入、修改、删除及查询等操作，如在前面打开连接和关闭连接之间，查询所有成绩的平均分。

```
Dim comm As New SqlCommand("SELECT AVG(score) FROM t_score",sqlcon)
Label1.Text="平均分为"+Convert.ToString(comm.ExecuteScalar())
```

在非连接环境下（需要时连接数据库，不需要时断开），可以使用 DataSet 对象操作数据库，如在前面打开连接和关闭连接之间，在 DataGridView 中显示所有学生的信息。

```
Dim sda As New SqlDataAdapter("SELECT * FROM t_student",sqlcon)
Dim ds As New DataSet
sda.Fill(ds,"studinfo")
DataGridView1.DataSource=ds.Tables("studinfo")
```

其他数据库的操作方法不再一一列举，读者可以参考后面任务划分的任务实施过程，或者查阅程序设计的相关资料。

知识 12-3　SQL Server 提供的应用程序接口——JDBC

1. 什么是 JDBC

数据库只能解释 SQL 语句，不能直接与应用程序通信，JDBC（Java Database Connectivity）就是将 Java 语句转化为 SQL 语句的机制。JDBC 由一组用 Java 语言编写的类和接口组成，是 Java 语言访问数据库的一种规范，与 ODBC 类似，都是通过编程接口将数据库的功能以标准的形式呈现给应用程序开放人员。Java 客户端程序使用 JDBC 可以访问各种不同类型的数据库。

不同的数据库装载不同的驱动程序，然后通过驱动程序管理器建立和数据库之间的连接，如图 12-10 所示。

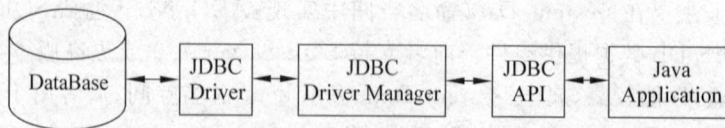

图 12-10　JDBC 架构

2. 访问数据库

（1）装载驱动程序

通过 Class 类的 forName( )方法装载数据库驱动程序，例如，装载 SQL Server 驱动程序的语句是：

```
Class.forName("com.microsoft.sqlserver.jdbc.SQLServerDriver").newInstance();
```

（2）连接数据库

利用驱动程序管理器的 getConnection（）方法创建一个 Connection 连接对象连接数据库，例如，采用 Windows 身份验证连接数据库 studentscore 的语句是：

```
String url="jdbc:sqlserver://localhost/temp;databaseName=studentscore;
            integratedSecurity=true;";
Connection conn=DriverManager.getConnection(url);
```

（3）操作数据库

利用 Connection 对象的 createStatement（）创建 Statement 对象，Statement 对象用于将 SQL 语句发送到数据库中，Statement 对象的 executeQuery（）方法能以 ResultSet 结果集的形式返回查询结果。例如，查询 t_student 表的所有信息，语句是：

```
Statement stmt=con.createStatement();
ResultSet rs=stmt.executeQuery("SELECT * FROM t_student");
```

12.2 任 务 划 分

任务 12-1 学生成绩管理系统的设计

提出任务

设计一个简单的学生成绩管理系统，数据库就是 studentscore，开发工具使用 Visual Studio 2008 中的 Visual Basic，通过 ADO.NET 连接数据库，并实现数据的插入、修改、查询和删除操作。

实施任务

1. 学生成绩管理系统的功能模块设计

学生成绩管理系统包括系统模块、学生用户信息管理模块和教师用户信息管理模块。

（1）系统模块包含用户登录、修改密码、切换用户以及退出系统的功能。系统的用户设计分为两类：学生用户和教师用户。

（2）学生用户信息管理模块能够显示学生登录用户的个人信息、选课信息以及成绩；学生登录用户能够修改部分个人信息。登录的教师用户不能使用此模块的功能，也无须使用。

（3）教师用户信息管理模块能够管理所有的学生信息、课程信息和成绩信息，能够对这些信息进行添加、查询、修改和删除操作。登录的学生用户不能使用此模块的功能。

2. 学生成绩管理系统的数据库设计

学生成绩管理系统的数据库设计在前面的项目中基本上已经完成，并且实现了数据库的功能。按照功能模块设计的要求，在数据库 studentscore 中增加一个用户表 t_user，保存学生成绩管理系统的用户名称、密码和用户类型。用户表的结构如表 12-3 所示。将学生表 t_student 中的所有学号插入用户表 t_user 中（密码默认和用户名相同），用户类型为 false；再添加两个教师用户，用户名是以 t 开头的 5 个数字，密码也默认和用户名相同，用户类型是 true。

表 12-3　用户表

属性	列名	数据类型	允许空	说　　明
用户名	username	char(10)	否	用户名为主键
密码	password	char(10)	是	密码默认和用户名相同，进入系统可以修改
用户类型	isteacher	bit	是	区分学生用户和教师用户

3. 学生成绩管理系统数据库实现增加的内容

因为增加了用户表 t_user，用户表中的学生用户来自学生表，所以学生表中的学生信息进行插入和删除时，用户表中也要相应地插入和删除用户。在此增加学生表 t_student 的插入触发器，还要修改已有的删除触发器（学生成绩管理系统中的学号不允许修改，所以不需要添加或者修改更新触发器）。

（1）插入触发器如下

```
CREATE TRIGGER [dbo].[tri_insertsnotouser]
    ON [dbo].[t_student] AFTER INSERT
AS
BEGIN
    DECLARE @studsno CHAR(10)
    SELECT @studsno = sno FROM INSERTED
    --取出新插入的学生表的学号，插入用户表中
    INSERT INTO t_user VALUES(@studsno,@studsno,'false')
END
```

（2）删除触发器如下

```
ALTER TRIGGER [dbo].[tri_deletestud]
    ON [dbo].[t_student] AFTER DELETE
AS
BEGIN
    --删除成绩表 t_score 中对应于此学号的成绩信息
    DELETE FROM t_score WHERE sno= (SELECT sno FROM DELETED)
    --删除用户表 t_user 中对应于此学号的用户信息
    DELETE FROM t_user WHERE username = (SELECT sno FROM DELETED)
END
```

上述删除触发器实现删除学生信息时，对应的用户信息也被删除。这个功能也可以定义主外键关系来实现，t_student 表 sno 为主键，t_user 表 username 为外键，然后在删除规则中设置为级联，读者可以参考图 4-9 进行设置。

上述删除触发器之所以是修改而不是创建，是因为在任务 9-1 中，创建了多个触发器，并且为了验证触发器的作用，建议读者删除原有的表之间的主外键关系，而使用触发器来实现原来主外键关系的约束。

请读者完善用触发器实现表之间级联的功能，也就是原有的表之间的主外键关系的约束功能，为后面的系统实现做好准备。

任务 12-2 学生成绩管理系统的实现

提出任务

使用 VB. NET 创建学生成绩管理系统的主窗体、公用类、登录窗体，并且学生用户信息管理模块和教师用户信息管理模块的功能。

实施任务

1. 创建主窗体

启动 Visual Studio 2008 后，选择"文件"→"新建项目"命令，打开"新建项目"对话框，如图 12-11 所示，选择 Visual Basic 下的"Windows 窗体应用程序"模板创建项目。

图 12-11 新建项目

新建项目之后，在项目中创建学生成绩管理系统主窗体，完成后的效果如图 12-12 所示。

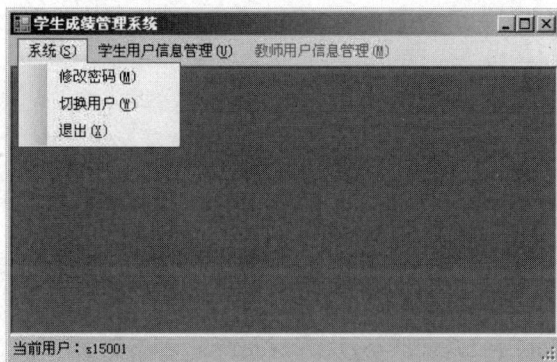

图 12-12 学生成绩管理系统主窗体

图 12-12 中，主窗体的状态栏中显示当前登录的用户名称 s15001，为学生用户，所以只能使用学生用户信息管理模块。图 12-13 左图中可以看出学生用户的具体功能菜单，右图是教师用户登录后看到的具体功能菜单。

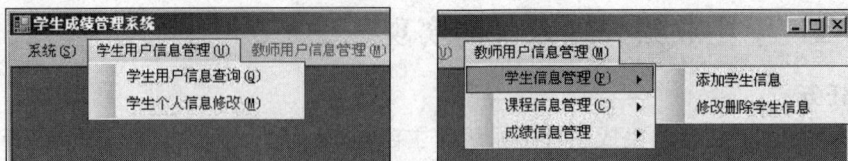

图 12-13　主窗体的菜单

2. 创建公用类

为了提高代码效率，创建公用类实现对数据库 studentscore 的操作，类名称为 database，保存在 database.vb 文件中。database 类源代码如下。

```
Imports System.Data.SqlClient              --引入命名空间
Public Class database
    Public Shared loginuser As String      --保存登录的用户名
    Public Shared constr As String         --保存数据库的连接字符串
    Dim sqlcon As SqlConnection
    Public Sub Open()                      --打开数据库连接
      constr="data source = (local); initial catalog = studentscore; integrated
security=true;"
        Try
            sqlcon=New SqlConnection(constr)
            sqlcon.Open()
        Catch ex As Exception
            MessageBox.Show( ex. Message, " 出 现 异 常 ", MessageBoxButtons. OK,
MessageBoxIcon.Error)
            Close()
            Environment.Exit(0)            --强行退出程序,没有继续运行的必要
        End Try
    End Sub
    Public Sub Close()                     --关闭数据库连接
        sqlcon.Close()
    End Sub
    Public Sub RunSqlcmd(ByVal parsql As String)      --执行 SQL 语句
        Open()
        Dim pricmd As New SqlCommand(parsql, sqlcon)
        pricmd.ExecuteNonQuery()
        Close()
    End Sub
    Public Function getDataSet(ByVal parsql As String) As DataSet    --返回 Dataset
        Dim ds As New DataSet
        Open()
        Dim sda As New SqlDataAdapter(parsql, sqlcon)
        sda.Fill(ds)
        Close()
        Return ds
```

```
    End Function
End Class
```

3. 创建登录窗体

系统启动后,首先运行登录界面,效果如图 12-14 所示。

图 12-14 登录

登录窗体主要的源代码如下。

```
Public Class LoginForm
    Dim mdiform1 As New mdiForm
    Private Sub OK_Click(ByVal sender As System.Object, ByVal e As System.EventArgs)
Handles OK.Click
        Dim db As New database
        Dim selstr As String
        If Trim(UsernameTextBox.Text)="" Or Trim(PasswordTextBox.Text)="" Then
            MessageBox.Show("请输入用户名和密码","缺少用户名或密码",
MessageBoxButtons.OK,MessageBoxIcon.Exclamation)
            Exit Sub
        End If
        selstr="select username,password from [t_user] where username='" + Trim
(UsernameTextBox.Text) +"' and password='" +Trim(PasswordTextBox.Text) +"'"
        Dim usercount As Integer
        Try
            usercount=db.getDataSet(selstr).Tables.Item(0).Rows.Count
        Catch ex As Exception
            MessageBox.Show(ex.Message, "出现异常", MessageBoxButtons.OK,
MessageBoxIcon.Error)
            Exit Sub
        End Try
        If usercount >=1 Then
            database.loginuser=Trim(UsernameTextBox.Text)
            Me.Hide()
            Dim loginuser As String
            loginuser=database.loginuser
            mdiform1.ToolStripStatusLabel1.Text="当前用户: " +loginuser
            If loginuser.Substring(0, 1)="s" Then
                mdiform1.menuquerystudinfo.Enabled=True
```

117

```
                    mdiform1.menumanagestudinfo.Enabled=False
              ElseIf loginuser.Substring(0, 1)="t" Then
                    mdiform1.menuquerystudinfo.Enabled=False
                    mdiform1.menumanagestudinfo.Enabled=True
              End If
              mdiform1.Show()
         Else
              MessageBox.Show("用户名或密码错误!", "用户名或密码错误", MessageBoxButtons.
OK, MessageBoxIcon.Warning)
         End If
      End Sub
End Class
```

4. 实现学生用户信息管理功能

在图 12-13 的左图中可以看出，学生用户信息管理包括学生用户信息的查询和学生个人信息的修改。

（1）学生用户信息查询

可以查看当前登录的学生用户的个人信息、选课信息和成绩，如图 12-15 所示。

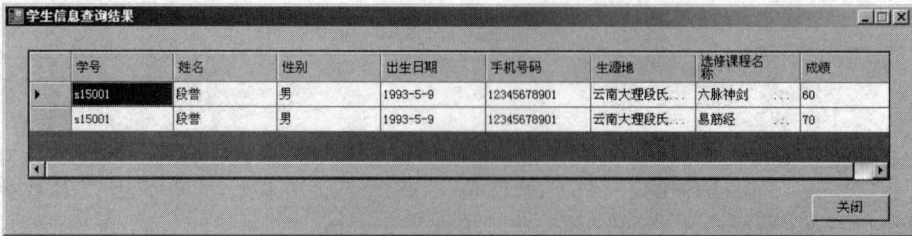

图 12-15　学生信息查询结果

窗体上放置 DataGridView 控件，属性 AllowUserToAddRows 和 AllowUserToDeleteRows 都设置为 False，ReadOnly 设置为 True，不允许用户添加、删除和修改数据。

学生用户信息查询主要源代码如下。

```
Public Class studqueryinfo
    Private Sub studqueryinfo_Load(ByVal sender As Object, ByVal e As System.
EventArgs) Handles Me.Load
        Dim loginuser, selstr As String
        Dim db As New database
        loginuser=database.loginuser
        selstr="select t_student.sno 学号,sname 姓名,ssex 性别,sbirthday 出生日期,
smphoneno 手机号码,sbirthplace 生源地,cname 选修课程名称,score 成绩 from t_student
inner join t_score on t_student.sno=t_score.sno inner join t_course on t_score.cno=
t_course.cno where t_student.sno='" +loginuser +"'"
        Try
            DataGridView1.DataSource=db.getDataSet(selstr).Tables(0)
        Catch ex As Exception
            MessageBox.Show(ex.Message)
```

```
        End Try
    End Sub
End Class
```

（2）学生个人信息修改

学生登录用户只能修改除学号和姓名以外的信息，效果如图 12-16 所示。

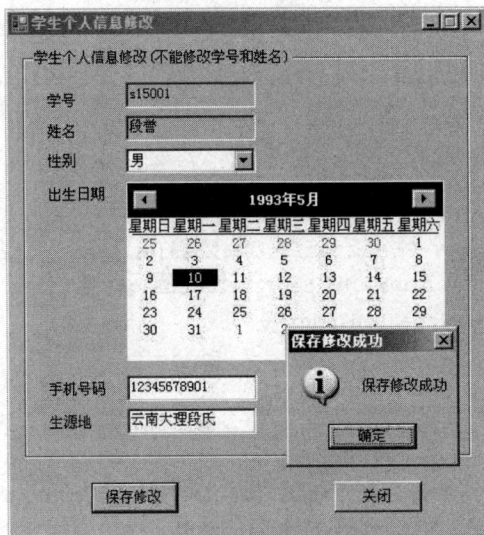

图 12-16　学生个人信息修改

学生个人信息修改窗体上主要控件的属性设置如表 12-4 所示，主要源代码如下。

表 12-4　学生个人信息修改窗体上主要控件的属性设置

控件名称	放置内容	属 性 设 置
TextBox1	学号	只读（ReadOnly 设置为 True）
TextBox2	姓名	只读（ReadOnly 设置为 True）
ComboBox1	性别	DropDownStyle 设置为 DropDownList，Items 里放入"男""女"
MonthCalendar1	出生日期	ShowToday 设置为 False
TextBox3	手机号码	MaxLength 设置为 11
TextBox4	生源地	MaxLength 设置为 10

```
Public Class studpersonalinfo
    Dim loginuser As String
    Dim db As New database
    Dim studsex As String
    Dim studbirthday As Date
    Dim studphoneno As String
    Dim studbirthplace As String
    Dim ischange As Boolean
Private Sub studpersonalinfo_Load(ByVal sender As Object, ByVal e As System.
EventArgs) Handles Me.Load
```

```
        Dim selstr As String
        Dim ds As DataSet
        loginuser=database.loginuser
        selstr="select t_student.sno,sname,ssex,sbirthday,smphoneno,sbirthplace
from t_student where sno='" +loginuser +"'"
        Try
            ds=db.getDataSet(selstr)
        Catch ex As Exception
            MessageBox.Show(ex.Message,"出现异常",MessageBoxButtons.OK,MessageBoxIcon.
Error)
            Exit Sub
        End Try
        TextBox1.Text=loginuser
        TextBox2.Text=Trim(ds.Tables(0).Rows(0).Item(1).ToString)
        If ds.Tables(0).Rows(0).Item(2).ToString="男" Then
            ComboBox1.SelectedIndex=0
        Else
            ComboBox1.SelectedIndex=1
        End If
        studsex=ComboBox1.Text
        studbirthday=CType(ds.Tables(0).Rows(0).Item(3), DateTime)
        MonthCalendar1.SetDate(studbirthday)
        studphoneno=ds.Tables(0).Rows(0).Item(4).ToString
        TextBox3.Text=studphoneno
        studbirthplace=Trim(ds.Tables(0).Rows(0).Item(5).ToString)
        TextBox4.Text=studbirthplace
        ischange=False
    End Sub
    Private Sub Button1_Click(ByVal sender As System.Object, ByVal e As System.
    EventArgs) Handles Button1.Click
        If studphoneno <>Trim(TextBox3.Text) Then
            If IsNumeric(TextBox3.Text)=False Then
                MessageBox.Show("你输入的手机号码包含非数字字符,请重新输入!", "输入
的手机号码错误", MessageBoxButtons.OK, MessageBoxIcon.Error)
                TextBox3.Text=""
                TextBox3.Focus()
                Exit Sub
            End If
            ischange=True
            studphoneno=Trim(TextBox3.Text)
        End If
        If studsex <>ComboBox1.Text Then
            ischange=True
            studsex=ComboBox1.Text
        End If
        If studbirthday <>MonthCalendar1.SelectionStart Then
            ischange=True
```

```
        studbirthday=MonthCalendar1.SelectionStart
    End If
    If studbirthplace <>Trim(TextBox4.Text) Then
        ischange=True
        studbirthplace=Trim(TextBox4.Text)
    End If
    If ischange=True Then
        Dim selstr As String
        selstr="update [t_student] set ssex='" + studsex +"',sbirthday='" +
studbirthday.ToString() + "',smphoneno='" + studphoneno + "',sbirthplace='" +
studbirthplace +"' where sno='" +loginuser +"'"
        Try
            db.RunSqlcmd(selstr)
        Catch ex As Exception
            MessageBox.Show(ex.Message, "出现异常", MessageBoxButtons.OK,
MessageBoxIcon.Error)
                Exit Sub
        End Try
        MessageBox.Show("保存修改成功","保存修改成功", MessageBoxButtons.OK,
MessageBoxIcon.Information)
        ischange=False
    Else
        MessageBox.Show("你没有做任何修改","未做任何修改", MessageBoxButtons.
OK, MessageBoxIcon.Exclamation)
    End If
    End Sub
End Class
```

5. 实现教师用户信息管理功能

在图 12-13 的右图中可以看出教师用户信息管理具有较多功能。这里以"添加学生信息"和"修改删除学生信息"这两个功能为例进行说明。

（1）添加学生信息

添加学生信息必须输入学号和姓名，其他信息可以不填，效果如图 12-17 所示。读者可以考虑在程序中调用存储过程实现学生个人信息的添加。

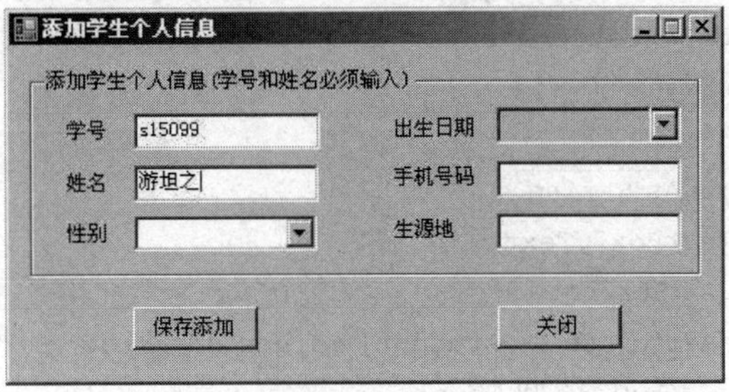

图 12-17　添加学生个人信息

添加学生个人信息窗体上主要控件的属性设置如表 12-5 所示，主要源代码如下。

表 12-5　添加学生个人信息窗体上主要控件的属性设置

控件名称	放置内容	属性设置及说明
TextBox1	学号	只读（ReadOnly 设置为 True）
TextBox2	姓名	只读（ReadOnly 设置为 True）
ComboBox1	性别	DropDownStyle 设置为 DropDownList，Items 里放入"男""女"
TextBox5	出生日期	只读（ReadOnly 设置为 True）
DateTimePicker1		放在 TextBox5 后面，将选择的日期赋值给 TextBox5
TextBox3	手机号码	MaxLength 设置为 11
TextBox4	生源地	MaxLength 设置为 10

```
Public Class insertstud
    Private Sub Button1_Click(ByVal sender As System.Object, ByVal e As System.
EventArgs) Handles Button1.Click
        If TextBox1.Text="" Or TextBox2.Text="" Then
            MessageBox.Show("学号和姓名必须输入", "缺少学号或姓名", MessageBoxButtons.OK,
MessageBoxIcon.Exclamation)
            Exit Sub
        End If
        Dim studno As String
        studno=TextBox1.Text
        If Len(studno) <>6 Or studno.Substring(0, 1) <>"s" Then
            MessageBox.Show("学号必须以 s 开头的 5 个数字", "缺少学号或姓名",
MessageBoxButtons.OK, MessageBoxIcon.Exclamation)
            Exit Sub
        Else
            If IsNumeric(studno.Substring(1, 5))=False Then
                MessageBox.Show("学号必须以 s 开头的 5 个数字", "缺少学号或姓名",
MessageBoxButtons.OK, MessageBoxIcon.Exclamation)
                Exit Sub
            End If
        End If
        If TextBox3.Text <>"" And IsNumeric(TextBox3.Text)=False Then
            MessageBox.Show("你输入的手机号码包含非数字字符,请重新输入!", "输入的手
机号码错误", MessageBoxButtons.OK, MessageBoxIcon.Error)
            Exit Sub
        End If
        Dim studname As String
        studname=TextBox2.Text
        Dim selstr As String
        selstr="insert into [t_student] values('" +studno +"','" +studname +"'"
        If ComboBox1.Text <>"" Then
            selstr=selstr +",'" +ComboBox1.Text +"'"
        Else
            selstr=selstr +",null"
```

```
        End If
        If TextBox5.Text <>"" Then
            selstr=selstr +",'" +TextBox5.Text +"'"
        Else
            selstr=selstr +",null"
        End If
        If TextBox3.Text <>"" Then
            selstr=selstr +",'" +TextBox3.Text +"'"
        Else
            selstr=selstr +",null"
        End If
        If TextBox4.Text <>"" Then
            selstr=selstr +",'" +TextBox4.Text +"')"
        Else
            selstr=selstr +",null)"
        End If
        Dim db As New database
        Try
            db.RunSqlcmd(selstr)
        Catch ex As Exception
            MessageBox.Show(ex.Message)
            Exit Sub
        End Try
        MessageBox.Show("添加学生个人信息成功", "添加成功", MessageBoxButtons.OK,
MessageBoxIcon.Information)
        TextBox1.Text=""
        TextBox2.Text=""
        ComboBox1.SelectedIndex=-1
        TextBox5.Text=""
        TextBox3.Text=""
        TextBox4.Text=""
    End Sub
End Class
```

（2）修改删除学生信息

修改删除学生信息窗口具有查询功能，可以查询到所有学生的信息，也可以查询符合添加的学生信息。查询之后，在查询结果中进行选择，选择要进行修改或者删除的学生。修改学生信息时，为了简化代码的编写，不允许修改学号。效果如图 12-18 所示。窗体上主要控件的属性设置如表 12-6 所示。

表 12-6　修改删除学生信息窗体上各控件的属性设置

控件名称	放置内容	属性设置及说明
ComboBox1	学生信息	DropDownStyle 设为 DropDownList，Items 学生表的列的别名
TextBox1	筛选条件	输入筛选条件

123

续表

控件名称	放置内容	属性设置及说明
DataGridView1	筛选结果	AllowUserToAddRows 和 AllowUserToDeleteRows 都设置为 False，ReadOnly 设置为 True
TextBox6	学号	只读（ReadOnly 设置为 True）
TextBox2	姓名	MaxLength 设置为 10
ComboBox2	性别	DropDownStyle 设置为 DropDownList，Items 里放入"男""女"
TextBox5	出生日期	只读（ReadOnly 设置为 True）
DateTimePicker1		放在 TextBox5 后面，将选择的日期赋值给 TextBox5
TextBox3	手机号码	MaxLength 设置为 11
TextBox4	生源地	MaxLength 设置为 10

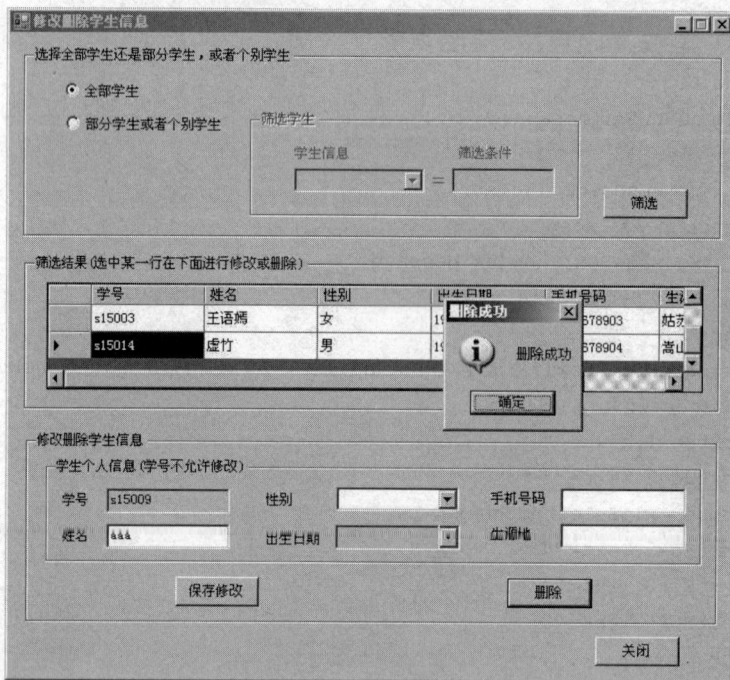

图 12-18　修改删除学生信息

修改删除学生信息的主要源代码如下。

```
Imports System.Data.SqlClient
Public Class updatestud
    Dim sqlcon As SqlConnection
    Dim sda As SqlDataAdapter
    Dim ds As New DataSet
    Dim getdatasetstr As String
    Dim studno As String
    Dim studname As String
    Dim studsex As String
```

```vb
    Dim studbirthday As String
    Dim studphoneno As String
    Dim studbirthplace As String
    Dim ischange As Boolean
    Private Sub DataGridView1_Click(ByVal sender As Object, ByVal e As System.
EventArgs) Handles DataGridView1.Click
        Dim crindex As Integer
        crindex=DataGridView1.CurrentRow.Index
        studno=DataGridView1.Rows(crindex).Cells(0).Value.ToString
        TextBox6.Text=studno
        studname=DataGridView1.Rows(crindex).Cells(1).Value.ToString
        TextBox2.Text=studname
        studsex=DataGridView1.Rows(crindex).Cells(2).Value.ToString
        ComboBox2.SelectedIndex=-1
        If studsex="男" Then ComboBox2.SelectedIndex=0
        If studsex="女" Then ComboBox2.SelectedIndex=1
        studbirthday=""
        If DataGridView1.Rows(crindex).Cells(3).Value.ToString <>"" Then studbirthday=
CDate(DataGridView1.Rows(crindex).Cells(3).Value).ToShortDateString
        TextBox5.Text=studbirthday
        studphoneno=DataGridView1.Rows(crindex).Cells(4).Value.ToString
        TextBox3.Text=studphoneno
        studbirthplace=DataGridView1.Rows(crindex).Cells(5).Value.ToString
        TextBox4.Text=studbirthplace
        ischange=False
    End Sub
    Private Sub Button1_Click_1(ByVal sender As System.Object, ByVal e As System.
EventArgs) Handles Button1.Click
        getdatasetstr="select sno 学号,sname 姓名,ssex 性别,sbirthday 出生日期,
        smphoneno 手机号码,sbirthplace 生源地 from t_student"
        If RadioButton2.Checked=True Then
            If ComboBox1.SelectedIndex=-1 Or TextBox1.Text="" Then
                MessageBox.Show("请选择学生信息并输入筛选条件","没有选择学生信息或者
输入筛选条件",MessageBoxButtons.OK,MessageBoxIcon.Exclamation)
                Exit Sub
            End If
            Dim filter As String
            filter=TextBox1.Text
            getdatasetstr=getdatasetstr+" where "
            Select Case ComboBox1.SelectedIndex
                Case 0
                    getdatasetstr=getdatasetstr+"sno='"+filter+"'"
                Case 1
                    getdatasetstr=getdatasetstr+"sname='"+filter+"'"
                Case 2
```

```
                            getdatasetstr=getdatasetstr +"ssex='" +filter +"'"
                    Case 3
                            getdatasetstr=getdatasetstr +"sbirthday='" +CDate(filter).
        ToShortDateString +"'"
                    Case 4
                            getdatasetstr=getdatasetstr +"smphoneno='" +filter +"'"
                    Case 5
                            getdatasetstr=getdatasetstr +"sbirthplace='" +filter +"'"
                End Select
            End If
            Try
                sqlcon=New SqlConnection(database.constr)
                sqlcon.Open()
                sda=New SqlDataAdapter(getdatasetstr, sqlcon)
            Catch ex As Exception
                MessageBox. Show (ex. Message, "出现异常", MessageBoxButtons. OK,
        MessageBoxIcon.Error)
                sqlcon.Close()
                Exit Sub
            End Try
            ds.Clear()
            sda.Fill(ds)
            sda.FillSchema(ds, SchemaType.Mapped)
            DataGridView1.DataSource=ds.Tables(0)
            sqlcon.Close()
            ComboBox1.SelectedIndex=-1
            TextBox1.Text=""
            TextBox6.Text=""
            TextBox2.Text=""
            ComboBox2.SelectedIndex=-1
            TextBox5.Text=""
            TextBox3.Text=""
            TextBox4.Text=""
        End Sub
        Private Sub Button3_Click(ByVal sender As System.Object, ByVal e As System.
        EventArgs) Handles Button3.Click
            If TextBox6.Text="" Then
                MessageBox. Show ("请先选中要删除的学生","没有选中要删除的学生",
        MessageBoxButtons.OK, MessageBoxIcon.Exclamation)
                Exit Sub
            End If
            studno=TextBox6.Text
            Dim dr As DataRow
            dr=ds.Tables(0).Rows.Find(studno)
            dr.Delete()
```

```
Dim sqlcom As SqlCommandBuilder
sqlcom=New SqlCommandBuilder(sda)
Try
    sda.Update(ds)
    ds.AcceptChanges()
Catch ex As Exception
    MessageBox.Show( ex. Message, "出现异常", MessageBoxButtons. OK,
MessageBoxIcon.Error)
    Exit Sub
End Try
DataGridView1.Refresh()
MessageBox.Show("删除成功", "删除成功", MessageBoxButtons. OK, MessageBoxIcon.
Information)
    TextBox6.Text=""
    TextBox2.Text=""
    ComboBox2.SelectedIndex=-1
    TextBox5.Text=""
    TextBox3.Text=""
    TextBox4.Text=""
End Sub
Private Sub Button2_Click(ByVal sender As System.Object, ByVal e As System.
EventArgs) Handles Button2.Click
    If TextBox6.Text="" Then
        MessageBox.Show("请先选中要修改的学生", "没有选中要修改的学生",
MessageBoxButtons.OK, MessageBoxIcon.Exclamation)
        Exit Sub
    End If
    studno=TextBox6.Text
    Dim dr As DataRow
    dr=ds.Tables(0).Rows.Find(studno)      --定位到数据集中表的选中行
    If studphoneno <>Trim(TextBox3.Text) Then
        If IsNumeric(TextBox3.Text)=False Then
            MessageBox.Show("你输入的手机号码包含非数字字符,请重新输入!","输入
的手机号码错误", MessageBoxButtons.OK, MessageBoxIcon.Error)
            TextBox3.Text=""
            TextBox3.Focus()
            Exit Sub
        End If
        ischange=True
        studphoneno=Trim(TextBox3.Text)
        dr.BeginEdit()
        dr.Item(4)=studphoneno
        dr.EndEdit()
    End If
    If studname <>TextBox2.Text Then
```

```
            ischange=True
            studname=TextBox2.Text
            dr.BeginEdit()
            dr.Item(1)=studname
            dr.EndEdit()
        End If
        If studsex <>ComboBox2.Text Then
            ischange=True
            studsex=ComboBox2.Text
            dr.BeginEdit()
            dr.Item(2)=studsex
            dr.EndEdit()
        End If
        If studbirthday <>TextBox5.Text Then
            ischange=True
            studbirthday=TextBox5.Text
            dr.BeginEdit()
            dr.Item(3)=studbirthday
            dr.EndEdit()
        End If
        If studbirthplace <>TextBox4.Text Then
            ischange=True
            studbirthplace=TextBox4.Text
            dr.BeginEdit()
            dr.Item(5)=studbirthplace
            dr.EndEdit()
        End If
        If ischange=True Then                    修改完以后统一更新到数据库
        Dim sqlcom As SqlCommandBuilder
        sqlcom=New SqlCommandBuilder(sda)
        Try
            sda.Update(ds)
            ds.AcceptChanges()
        Catch ex As Exception
            MessageBox.Show(ex.Message, "出现异常", MessageBoxButtons.OK,
MessageBoxIcon.Error)
            Exit Sub
        End Try
        DataGridView1.Refresh()
        MessageBox.Show("保存修改成功","保存修改成功", MessageBoxButtons.OK,
        MessageBoxIcon.Information)
        ischange=False
    Else
        MessageBox.Show("你没有做任何修改","未做任何修改", MessageBoxButtons.
    OK, MessageBoxIcon.Exclamation)
```

```
        End If
    End Sub
End Class
```

对于其他窗体,请读者参照所给出的窗体设计和代码设计,自行完成。

12.3 拓 展 训 练

延续前面的拓展训练,参考任务 12-1 和任务 12-2,完成下面的训练内容。

(1) 设计一个简单的教师授课管理系统,数据库就是前面拓展训练所完成的教师授课数据库,开发工具使用 Visual Studio 2008 中的 Visual Basic,通过 ADO. NET 连接数据库,并实现数据的插入、修改、查询和删除操作。

(2) 设计一个简单的图书借还书管理系统,数据库就是前面拓展训练所完成的图书借还书数据库,开发工具使用 Visual Studio 2008 中的 Visual Basic,通过 ADO. NET 连接数据库,并实现数据的插入、修改、查询和删除操作。

参 考 文 献

[1] 王永乐. SQL Server 2008 数据库项目教程[M]. 北京：北京邮电大学出版社，2012.

[2] 梁爽. SQL Server 2008 数据库应用技术(项目教学版)[M]. 北京：清华大学出版社，2013.

[3] 孙丽娜. SQL Server 2008 数据库项目教程[M]. 北京：清华大学出版社，2015

[4] 百度百科，http://baike. baidu. com.

[5] CSDN，http://www. csdn. net/.

[6] MSDN，http://msdn. microsoft. com/zh-cn/default. aspx.